普通高等教育规划教材

LabVIEW 技术实训

阎　芳　编著

机械工业出版社

本书以虚拟仪器软件 LabVIEW 为对象，系统介绍了 LabVIEW 程序设计的基本概念、编程方法、数据采集和设计模式等方面的专业知识。本书内容分为四个部分，第一部分（第1章）介绍虚拟仪器的基本概念、图形化编程语言的基本原理与特点、LabVIEW 编程环境；第二部分（第 2 章至第 5 章）系统介绍 LabVIEW 程序设计的基本数据类型、程序结构和文件 I/O；第三部分（第 6 章）介绍数据采集的基本原理、LabVIEW 在数据采集方面的基本编程方法；第四部分（第 7章）介绍应用程序框架和设计模式。

本书内容以实训为主，书中提供的实训练习有详细的操作步骤和程序框图，具有较强的实用性和可操作性，可供自动化类、计算机类、电子信息类专业的高等院校师生作为 LabVIEW 入门的实训指导书，还可作为从事计算机测控系统研发的工程技术人员的参考用书。

图书在版编目（CIP）数据

LabVIEW 技术实训/ 阎芳编著. —北京：机械工业出版社，2016. 12

普通高等教育规划教材

ISBN 978 - 7 - 111 - 55384 - 7

Ⅰ. ①L… Ⅱ. ①阎… Ⅲ. ①软件工具-程序设计-高等学校-教材 Ⅳ. ①TP311. 56

中国版本图书馆 CIP 数据核字（2016）第 276498 号

机械工业出版社（北京市百万庄大街 22 号 邮政编码 100037）
策划编辑：王玉鑫　　　　　　责任编辑：王玉鑫
责任校对：张　力　　　　　　封面设计：马精明
责任印制：李　飞
北京玥实印刷有限公司印刷
2017 年 1 月第 1 版第 1 次印刷
184mm × 260mm · 8. 25 印张 · 208 千字
0001—1900 册
标准书号：ISBN 978 - 7 - 111 - 55384 - 7
定价：22.00 元

凡购本书，如有缺页、倒页、脱页，由本社发行部调换
电话服务　　　　　　　　　　网络服务
服务咨询热线：010 - 88379833　机 工 官 网：www. cmpbook. com
读者购书热线：010 - 88379649　机 工 官 博：weibo. com/cmp1952
　　　　　　　　　　　　　　　教育服务网：www. cmpedu. com
封面无防伪标均为盗版　　　金 书 网：www. golden-book. com

前　言

虚拟仪器技术是测试技术和计算机技术相结合的产物，是这两门学科的最新技术的结晶。它融合了测试理论、仪器原理和技术、计算机接口技术、高速总线技术以及图形化软件编程技术。

本书从虚拟仪器实训教学角度出发，系统地讲述了虚拟仪器软件 LabVIEW 的基础开发知识和基本操作技能。通过给出 LabVIEW 编程的多个实训练习和习题的详细设计步骤，帮助读者迅速入门。

本书主要内容安排如下：

第 1 章　LabVIEW 入门，简要介绍了虚拟仪器的基本概念、特点、体系结构，虚拟仪器软件，LabVIEW 程序的基本构成以及 LabVIEW 程序设计的基本过程。

第 2 章　编程结构，详细介绍了 LabVIEW 程序设计的基本结构，包括顺序结构、While 循环、For 循环、条件分支结构、事件结构等。

第 3 章　数据类型、数组与簇，详细介绍了 LabVIEW 的数据类型，针对数组和簇进行了详细讲解。

第 4 章　图形控件与显示，详细介绍了 LabVIEW 的波形数据类型，以及图（Graph）和图表（Chart）的基本概念、常用图形显示控件的使用等。

第 5 章　文件 I/O，介绍了 LabVIEW 中可以用于存储和读取的主要文件类型。

第 6 章　数据采集，对数据采集的信号类型和数据采集的基本原理进行了详细介绍。重点讲解 LabVIEW 中数据采集方法和编程方法，包括 LabVIEW DAQ 的安装、设置和编程，模拟输入/输出、数字输入/输出、测量数据的显示和存储等内容。

第 7 章　应用程序框架和设计模式，重点介绍了几种典型的设计模式，包括状态机模式、用户界面事件模式和生产者/消费者模式等。

本书由阎芳编著，在编写和出版过程中得到了智能物流系统北京市重点实验室（BZ0211）资助、北京市智能物流系统协同创新中心和北京物资学院"本科教学质量与教学改革工程"项目资助。

由于编者水平和经验有限，书中难免有疏漏之处，恳请读者批评指正。

编　者
2016 年 4 月

目　录

第 *1* 章　LabVIEW 入门

　　虚拟仪器是在计算机上通过增加相关硬件和软件构建而成的、具有可视化界面的仪器。它的出现打破了只能由生产厂家定义仪器功能、用户无法改变的局面。

1.1　虚拟仪器概述

　　虚拟仪器（Virtual Instrument）由美国国家仪器（National Instruments，NI）公司于 1986 年提出，指在通用计算机上添加软件和一些硬件模块构成一套根据个人需求来获取数据、分析数据和输出可视化数据的计算机仪器系统。它利用计算机的显示功能模拟真实仪器的控制面板，以多种形式表达输出检测结果，利用软件实现信号的运算、分析、处理，由 I/O 接口设备（卡）完成信号的采集、测量与调理，从而完成各种测试功能。用户操作这台计算机时就像操作一台真实的仪器。

　　通常，电子测量仪器的功能有信号采集、信号处理、结果表达与仪器控制三部分。在传统的模拟测量仪器中，这三部分都是用电子线路来实现的，即都是采用硬件来实现的。随着计算机技术的发展，尤其是数字信号处理技术的进步，实现各种信号处理功能的软件算法精度越来越高、速度越来越快，用软件代替仪器的信号处理部分和结果表达与仪器控制部分的硬件成为可能。把传统仪器的这两部分用计算机软件来实现，而不再采用硬件（电子线路），基于这种思想形成的仪器，即为虚拟仪器。

　　虚拟仪器有以下几个主要特点：

　　1）尽可能采用通用的硬件，各种仪器的差异主要是软件。

　　2）可充分发挥计算机的能力，即强大的数据处理功能，可以创造出功能更强的仪器。

　　3）用户可以根据自己的需要定义和制造各种仪器。

　　虚拟仪器可以完成信号采集、信号处理、结果表达与仪器控制三大主要功能。工作过程如下：

　　用户通过虚拟仪器面板设置好仪器的功能、量程、频段等工作参数后，启动仪器进行测量。在计算机控制下，被测对象经仪器部分的调理和采集后变成数据，再经过计算机处理，将其结果发送并显示，由用户读取或打印输出，如图 1-1 所示。

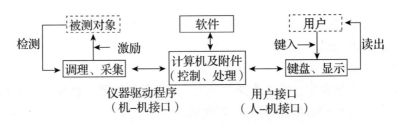

图 1-1　虚拟仪器的工作原理

1

1.2　虚拟仪器软件

虚拟仪器在相同的硬件平台下，通过不同的软件就可以模拟出功能完全不同的各种仪器，即软件是虚拟仪器的核心，因此可以说"软件就是仪器"。

LabVIEW 是实验室虚拟仪器集成环境（Laboratory Virtual Instrument Engineering Workbench）的简称，是 NI 公司的创新软件产品，也是目前应用最广、发展最快、功能最强的图形化软件集成开发环境。目前它广泛地被工业界、学术界和研究实验室所接受，视为一个标准的数据采集和仪器控制软件。

LabVIEW 和 C 及 C++一样，是一种程序开发语言，但其区别在于它是使用图形化编程语言——G 语言（Graphical Language），这种编程语言采用流程图形式开发应用程序。它自带的函数库可用于数据采集、串行设备的控制、数据分析和显示等；LabWindows/CVI 是基于 C 语言的开发平台，面对的是熟悉 C 语言的用户，在程序设计上它具有更好的灵活性。

1.3　LabVIEW 程序的基本构成

使用 LabVIEW 开发平台编制的程序称为虚拟仪器程序（Virtual Instrument，VI）。VI 包括三个部分：程序前面板（Panel）、框图程序（Diagram）和图标/连接器（Connector）。

在 LabVIEW 环境下，每创建一个虚拟仪器，相当于传统编程语言中的函数，可作为子 VI 调用。

程序前面板是图形用户界面，用于显示控制端子和显示端子，便于在程序运行过程中操作和观测。前面板有交互式的输入和输出两类对象，分别被称为 Control（控制器）和 Indicator（显示器）。Control（控制器）包括各种开关、旋钮和按键等；Indicator（显示器）包括图形、Chart、LED 和其他显示输出对象。

1.4　LabVIEW 程序设计引导

【练习 1-1】项目浏览器

LabVIEW 图形化程序设计、开发和管理都可以借助于项目浏览器来进行。项目浏览器以树状结构的形式分层显示出项目中的所有文件。同时，应用程序的发布也必须在项目管理下完成。

接下来，创建一个新项目，步骤如下：

1）启动 LabVIEW 开发环境。

2）在菜单栏中选择"文件"→"新建项目"。

3）在"新建"对话框中，可以选择"项目"，单击"确定"按钮。也可以直接选择新建 VI，用于单个 VI 程序的编写，如图 1-2 所示。

图 1-2　LabVIEW 新建项目

4）在弹出的项目浏览器中，可以看到一个未命名的项目树状结构，如图 1-3 所示。

5）保存这个项目，在该项目的菜单栏中选择"文件"→"保存"（如保存到"D：\labVIEW\labVIEW 基础.lvproj"），如图 1-4 所示。

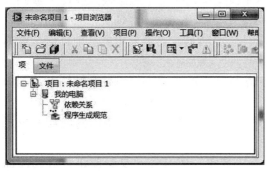

图 1-3　项目浏览器

图 1-4　保存项目

完成上述项目创建后，在保存项目的目录下有三个文件，分别是"labVIEW 基础.lvproj""labVIEW 基础.aliases"和"labVIEW 基础.lvlps"。其中，"labVIEW 基础.lvproj"是项目文件，用于保存项目中的文件引用、配置信息、部署信息、程序生成信息等。"labVIEW 基础.aliases"是计算机名和 IP 地址的映射关系文件，该文件由 LabVIEW 自动创建，每次打开项目时，LabVIEW 都会创建一个新的.aliases 文件。"labVIEW 基础.lvlps"用于保存本机所持有的项目设置文件，LabVIEW 在保存项目的同时保存这个文件。删除.lvlps 文件不会对项目的运行和性能产生影响。对于项目所生成的应用程序，不包括这个.lvlps 文件。在项目开发过程中，所使用的文件只有.lvproj 文件，另外两个文件属于开发环境自己的管理文件。

【练习 1 - 2】 Hello World!

在练习 1 - 1 中所创建的"labVIEW 基础"项目中添加 VI，命名为"hello. vi"，项目结构如图 1 - 5 所示。

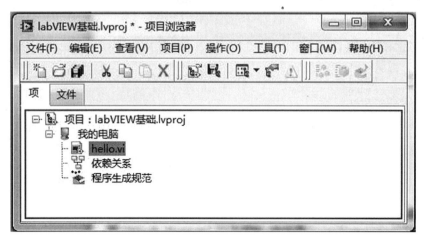

图 1 - 5 在项目中添加 hello. vi

目的：建立一个简单的 VI，包括一个字符串输入控件、一个字符串输出控件和一个按钮，当按下按钮时，将输入的字符串显示到字符串显示控件中。

具体步骤如下：

1）在 LabVIEW 中，选择"文件"→"新建 VI"，打开一个新的前面板窗口。

2）从"控件选板"→"银色"→"字符串与路径"中选择"字符串输入控件"放到前面板中。

3）双击标签文本框，将其内容改为"输入字符串"，然后在前面板中的其他任何位置单击一下。

4）从"控件选板"→"银色"→"字符串与路径"中选择"字符串显示控件"放到前面板中。

5）双击标签文本框，将其内容改为"输出字符串"，然后在前面板中的其他任何位置单击。

6）从"控件选板"→"银色"→"布尔"→"按钮"中选择"复制按钮"放到前面板中。

7）选中"复制按钮"，单击鼠标右键选择"显示项"，勾去标签选择，即在前面板中不显示标签。

8）从"控件选板"→"银色"→"布尔"中选择"停止按钮"，放到前面板中。

9）选中"停止按钮"，单击鼠标右键选择"显示项"，勾去标签选择，即在前面板中不显示标签。

加完控件的前面板如图 1 - 6 所示。

10）切换到程序框图。选择"窗口"→"显示程序框图"打开流程图窗口。

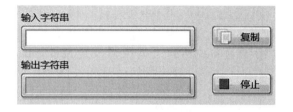

图 1 - 6 前面板

11）从函数选板中选择"编程"→"结构"→"条件结构和 While 循环"，将它们放到程序框图上，用工具选板中的连线工具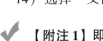将各对象按图 1 - 7 所示连接。

12）选择"文件"→"保存"，把该 VI 保存为"Hello. vi"。

13）在前面板中，单击运行（Run）按钮 ⇨，运行该 VI。如在输入字符串控件中输入"Hello LabVIEW！"，单击"复制按钮"，观察运行情况。

14）选择"文件"→"关闭"，关闭该 VI。

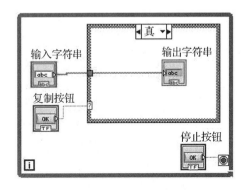

图 1 - 7　程序框图

✔ 【附注 1】即时帮助与程序调试

（1）即时帮助

在练习中，初学者很难记住系统提供的大量控件与模块的功能，此时可以使用即时帮助。如果屏幕上没有显示即时帮助，按 < Ctrl + H > 组合键即可打开。

（2）程序调试

1）语法错误。在运行 VI 程序之前，必须要保证 VI 程序没有语法错误且处于可运行的状态。VI 处于可运行状态时，工具栏的运行按钮显示 ⇨；如果一个 VI 程序存在语法错误，程序不能执行，则工具栏上的运行按钮会变成一个折断的箭头 ➡。此时，单击该按钮，弹出"错误列表"对话框，可查找 VI 错误的原因。

VI 在运行时无法对其进行编辑修改。单击按钮 ⧉可以连续运行，直到单击停止运行按钮 ⬤可手动停止 VI 运行。

2）逻辑错误或调试 VI。若运行 VI 得到了非预期的数据，或希望更多地了解程序框图数据流，可以利用调试技术了解程序运行的过程。

① 高亮显示执行过程。单击程序框图工具栏中的高亮显示执行过程按钮 💡，可以查看程序框图的动态执行过程。使用高亮显示执行过程，结合但不执行，可以查看 VI 中的数据从一个节点移动到另一个节点的全过程。

② 保存连线值。单击程序框图工具栏中的保存连线值按钮 🔲，可以在程序运行时保存流过连线的数据流的值。

③ 单步执行。单步执行可以查看 VI 运行时程序框图上的每个执行步骤。单击程序框图工具栏中的开始单步执行按钮 🔲（单步步入）和开始单步执行按钮 🔲（单步步过）进入单步执行模式。

④ 探针。使用探针工具可以查看流过连线的数据。在程序框图工具选板中单击探针数据按钮 🔲即可使用探针。

⑤ 断点。使用工具选板中的断点工具 🔴，可以在程序框图上的 VI、节点或连线上设置一个断点，使程序运行到断点时暂停执行。程序执行到断点暂停时，暂停按钮 ⏸显示为红色，可进行以下操作：使用单步执行按钮单步执行程序；在连线上添加探针查看中间数据；改变前面板控件的值；单机暂停按钮继续运行到下一个断点处或程序结束（没有下一

个断点时)。

【练习1-3】温度与容积显示

目的:建立一个测量温度和容积的 VI,其中须调用一个仿真测量温度和容积的传感器子 VI。

1)在练习1-1中所创建的"labVIEW 基础"项目中添加 VI,命名为"Temp&Vol. vi"。

2)从"控件选板"→"新式"→"数值"中选择"液灌"放到前面板中。

3)在标签文本框改为"容积",然后在前面板中的其他任何位置单击一下。

4)把容器显示对象的显示范围设置为0.0 到 1000.0。

① 使用文本编辑工具(Text Edit Tool),双击容器坐标的10.0 标度,使它高亮显示。

② 在坐标中输入1000,再在前面板中的其他任何地方单击一下。这时0.0~1000.0 之间的增量将被自动显示。

③ 在容器旁配数据显示。将鼠标移到容器上,单击右键,在出现的快捷菜单中选择"显示项"→"数字显示"即可。

5)从"控件选板"→"新式"→"数值"中选择一个温度计,将它放到前面板中。设置其标签为"温度",显示范围为0~100,同时配置数字显示,可得到如图1-8 所示的前面板图。

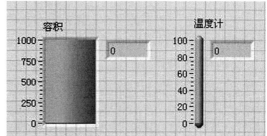

图1-8 前面板

6)按<Ctrl+E>组合键切换到程序框图。从"函数选板"中选择对象,将它们放到程序框图上,如图1-9 所示。

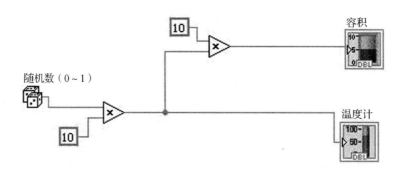

图1-9 程序框图

该程序框图中新增的对象有两个乘法器、两个数值常数、一个随机数发生器,温度和容积对象是由前面板的设置自动生成的。乘法器和随机数发生器由"函数选板"→"编程"→"数值"中拖出。

7)用连线工具🔌将各对象按规定连接。创建数值常数对象的另一种方法是在连线时一起完成,具体方法如下:用连线工具在某个功能函数或 VI 的连线端子上单击鼠标右键,再从弹出的快捷菜单中选择"创建常量",就可以创建一个具有正确的数据格式的数值常数对象。

8）选择"文件"→"保存"。

9）在前面板中，单击运行（Run）按钮⏵，运行该 VI。注意电压和温度的数值都显示在前面板中。

10）选择"文件"→"关闭"，关闭该 VI。

 【附注 2】显示对象（Indicator）、控制对象（Control）和数值常数对象

显示对象和控制对象都是前面板上的控件，前者有输入端子而无输出端子，后者正好相反，它们分别相当于普通编程语言中的输出参数和输入参数。数值常数对象可以看成是控制对象的一个特例。

在前面板中创建新的控制对象或显示对象时，LabVIEW 都会在程序框图中创建对应的端子。端子的符号反映该对象的数据类型。例如，"DBL"符号表示对象数据类型是双精度数；"TF"符号表示布尔数；"I16"符号表示 16 位整型数；"ABC"符号表示对象数据类型是字符串。

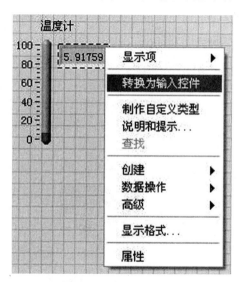

一个对象应当是显示对象还是控制对象必须弄清楚，否则无法正确连线。有时它们的图标是相似或相同的，可以根据需要明确规定它是显示对象还是控制对象。方法是将鼠标移到图标上，然后单击右键，可出现快捷菜单，如图 1-10 所示。如果菜单中的第一项是"转换为输入控件"，说明这是一个显示对象，可以根据需要，将其变为控制对象；如果菜单中的第一项是"转换为输出控件"，说明这是一个控制对象，可以根据需要，将其变为显示对象。

图 1-10　控件转换

 【练习 1-4】为 VI 创建图标和连接器

每个 VI 在前面板和流程图窗口的右上角都显示了一个默认的图标。启动图标编辑器的方法是，用鼠标右键单击面板窗口的右上角的默认图标，在弹出菜单中选择"编辑图标"，如图 1-11 所示。

图 1-11　启动图标编辑器

图 1-12 所示为图标编辑器窗口。可以用窗口左边的各种工具设计像素编辑区中的图标形状。编辑区右侧的一个方框中显示了一个实际大小的图标。

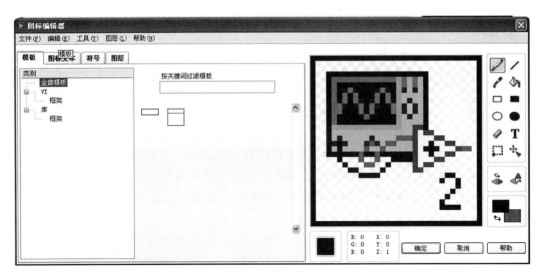

图 1-12　图标编辑器窗口

连线板是 VI 数据的输入输出接口。如果用面板控制对象或者显示对象从子 VI 中输出或者输入数据，那么这些对象都需要在连线板面板中有一个连线端子。可以通过选择 VI 的端子数并为每个端子指定对应的前面板对象以定义连线板。

连线板中的各个矩形表示各个端子所在的区域，可以用它们从 VI 中输入或者输出数据。如果有必要，也可以选择另外一种端子连接模式。方法是在图标上单击鼠标右键，在弹出的快捷菜单中选择"模式"，再次弹出快捷菜单，如图 1-13 所示。

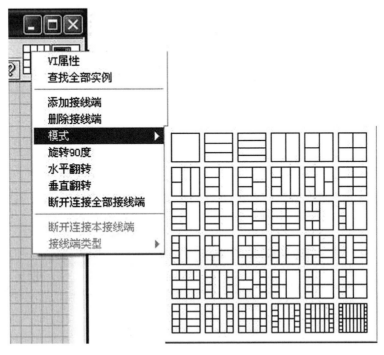

图 1-13　连线板模式

1）打开练习 1-3 的程序。

2）在前面板中，用鼠标右键单击窗口右上角的图标，在快捷菜单中选择"编辑图标"，也可以双击图标激活图标编辑器。注意只能在前面板中编辑图标和连线板。

3）删除默认图标。使用选择工具（虚线矩形框），单击并拖动想要删除的部分，按<Delete>键。

4）用铅笔工具 绘制一个温度计。

5）用文本工具 **T** 创建文本，得到图标如图1-14所示。

6）单击"确定"按钮，关闭编辑器。新创建的图标就显示在屏幕右上角的图标窗口中。

7）用鼠标右键单击前面板中的"连线板"窗口，在快捷菜单中选择"模式"，设置连接器端子连接模式。因为前面板中有两个对象，所以选择连线板有两个端子的模式。

8）用鼠标右键单击连接器窗口，在快捷菜单中选择"旋转90度"，注意接线板窗口的变化。

9）将端子连接到温度计和电压计：

① 单击连线板上部端子，光标自动变成连线工具，同时连线板端子变成黑色。

图 1-14　编辑后的图标编辑器窗口

② 单击温度显示对象，一个移动的虚线框把它包围起来，选中的端子的颜色变为与控制/显示对象的数据类型一致的颜色。如果单击前面板中的任何空白区域以后，虚线消失，选中的端子变暗，这表示已经成功地把显示对象和上部端子连接起来；如果端子是白色，则表示没有连接成功。

③ 重复步骤①和②，把底部的端子和容积计连接起来。

10）选择"文件"→"保存"，保存该 VI。

这样这个 VI 就完成了，也可以作为子 VI 被其他的 VI 调用。子 VI 的图标在主 VI 的流程图中。VI 的连接器（含有两个端子）输出温度和容积。构造一个子 VI 主要的工作就是定义它的图标和连线板。

✔ 【习题 1-1】求平均数

在练习 1-1 中所创建的"labVIEW 基础"项目中添加 VI，命名为"Average.vi"，按照如图 1-15 设计完成前面板和程序框图，并运行调试。

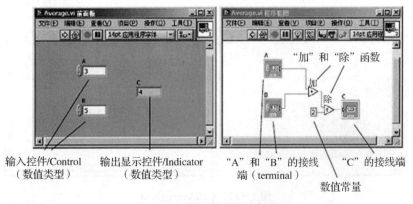

图 1-15　前面板及程序框图

【习题1-2】建立子 vi，编辑 Average. vi 的图标和连线板。

如图1-16所示，编辑 Average. vi 的图标和连线板。

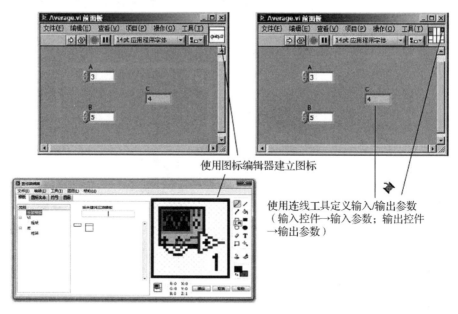

使用图标编辑器建立图标

使用连线工具定义输入/输出参数
（输入控件→输入参数；输出控件
→输出参数）

图1-16　前面板和程序框图

 【习题1-3】调用 Average. vi

在练习1-1中所创建的"labVIEW 基础"项目中添加 VI，命名为"CallAverage. vi"，按照如图1-17所示设计完成前面板和程序框图，并运行调试。

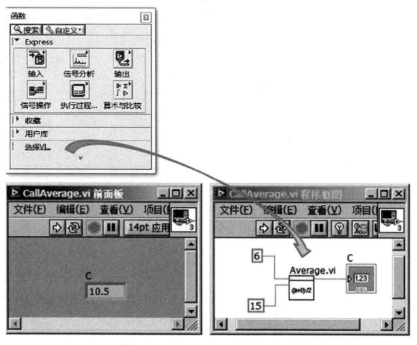

图1-17　CallAverage. vi

【练习 1 – 5】自定义控件

1）在练习 1 – 1 中所创建的"labVIEW 基础"项目中选择"我的电脑"→"新建"→"虚拟文件夹"，将虚拟文件夹命名为"Ctrls"，如图 1 – 18 所示。

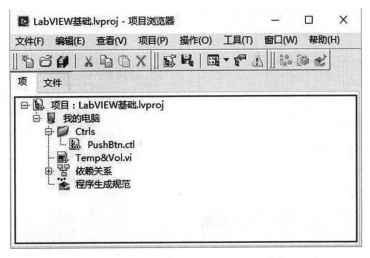

图 1 – 18　项目浏览器

2）右键单击虚拟文件夹"Ctrls"，选择"新建"→"控件"，保存为"PushBtn. ctl"。

3）从"控件选板"→"新式"→"布尔"中选择"确定按钮"放到前面板中，如图 1 – 19 所示。

4）单击工具栏中的扳手工具，此时该图标发生变化，进入编辑状态，右键单击"确定按钮"选择"属性"，在属性对话框中勾去"标签"和"显示布尔文本"，如图 1 – 19、图 1 – 20 所示。

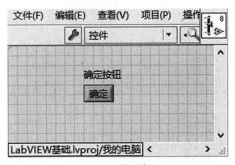

图 1 – 19　前面板

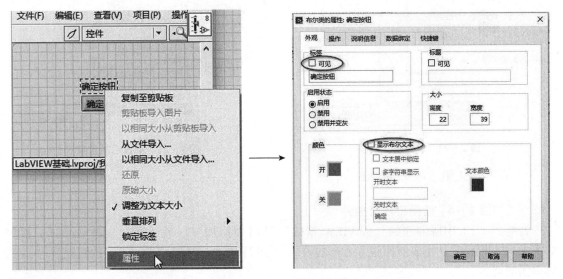

图 1 – 20　进入属性对话框

11

5）适当调整控件大小，单击右键，选择"以相同大小从文件导入"，如图 1-21 所示。选择事先准备好的图片，效果如图 1-22 所示。

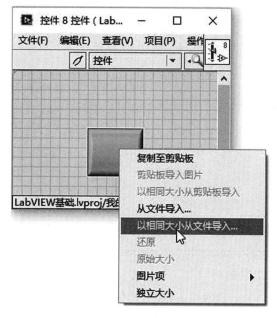

图 1-21　调整控件大小

图 1-22　操作完成后的效果

6）右键单击控件，选择"图片项"，如图 1-23 所示，依次单击其余三个状态，并按照 5）的方法进行修改，完成后的效果如图 1-24 所示。

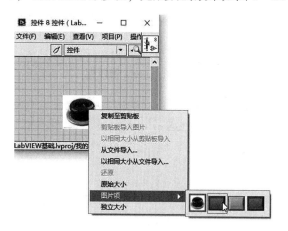

图 1-23　设置图片项

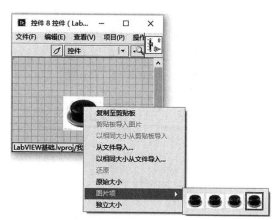

图 1-24　完成后的效果

7）保存并关闭"PushBtn. ctl"。

【习题 1-4】使用自定义控件

在练习 1-1 中所创建的"labVIEW 基础"项目中添加 VI，命名为"useCtrls. vi"，按照如图 1-25 所示设计完成前面板和程序框图，并运行调试。注意将 PushBtn 的机械动作设置为单击时转换。

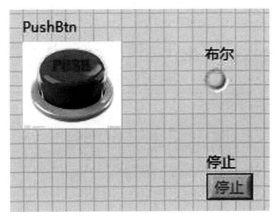 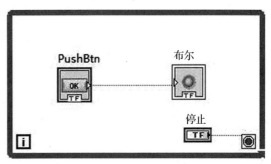

图 1－25　使用自定义控件

【补充练习】

1. 打开工具选板，试用各工具选项，了解它们的功能和基本操作方法。

2. 打开控件选板（仅前面板窗口），选择各种输入控件和各种输出显示控件，了解它们的功能、特点及外观特征。

3. 打开函数选板（仅框图窗口），打开其中一些功能子选板，感受 LabVIEW 提供的丰富的图形化功能函数。

第2章 编程结构

LabVIEW 程序结构包含图形化代码并控制内部代码运行的方式和时间。最常见的程序结构为顺序结构、循环结构和条件结构三种，在构造算法时，可以综合使用这三种结构。

2.1 顺序结构

LabVIEW 有平铺式顺序结构（见图2-1）和层叠式顺序结构（见图2-2）两种形式，这两种循序结构功能完全相同。平铺式顺序结构把所有框架按照从左到右的顺序展开在 VI 框图上；而层叠式顺序结构每个框架都是重叠的，只有一个框架可以直接在 VI 框图上显示出来。

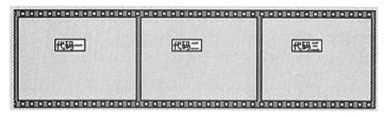

图2-1 平铺式顺序结构   图2-2 层叠式顺序结构

将平铺式顺序结构叠放起来就是层叠式顺序结构。这种转换可以直接进行，具体操作是：鼠标右键单击平铺式顺序结构的边框，在弹出的快捷菜单中选择"替换为层叠式顺序"即可。

平铺式顺序结构只需要通过数据线连接就可以在不同的顺序帧间传递数据，如图2-3所示。

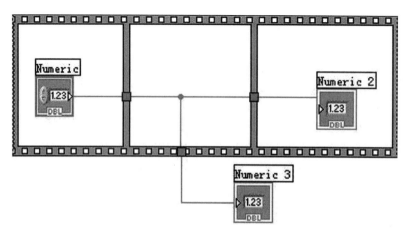

图2-3 平铺式顺序结构的数据传递

由于平铺式顺序结构的所有帧都显示在程序框图窗口中，平铺式顺序结构帧之间的数据可以通过数据线传递，并不需要局部变量，所以在平铺式顺序结构中系统没有设置局部变量。数据线在穿过帧程序框时，在框上会有一个小方块，表示数据通道。

而在层叠式顺序结构的不同帧之间传递数据，就需要使用顺序局部变量，如图 2 - 4 所示。

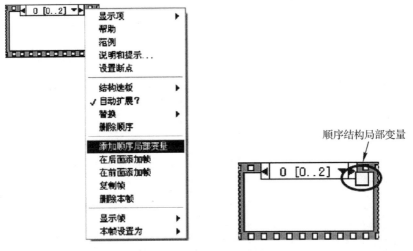

图 2 - 4　添加顺序局部变量

2.2　While 循环

While 循环可以反复执行循环体的程序，直至到达某个边界条件。While 循环的框图是一个大小可变的方框，用于执行框中的程序，直到条件端子接收到的布尔值为 FALSE/TRUE。

该循环有如下特点：

1）计数从 0 开始（i = 0）。

2）先执行循环体，而后 i + 1，如果循环只执行一次，那么循环输出值 i = 0。

3）循环至少要运行一次。

如图 2 - 5 所示，循环变量 i 是一个输出接线端，表示已完成的循环次数。右键单击条件端子，可以选择循环停止的条件，包括"真（T）时继续"和"真（T）时停止"，如图 2 - 6 所示。

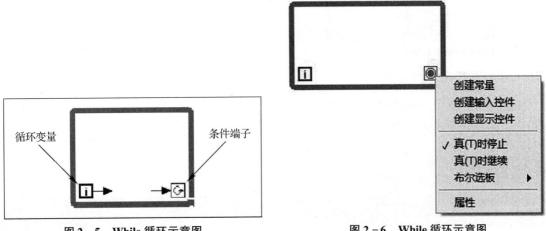

图 2 - 5　While 循环示意图　　　　图 2 - 6　While 循环示意图

While 循环位于结构选板。从选板中选择 While 循环，用鼠标拖出一个矩形，将程序框图中需要重复执行操作的部分框入该矩形。松开鼠标时，While 循环的边框将包围选中部分。只需将对象拖放到 While 循环内部即可为其添加程序框图对象。While 循环执行其中的代码，直到条件接线端（输入端）接收到某一特定的布尔值。

While 循环的数据流运行机制是这样的：当程序执行到 While 循环时，首先检查 While 边框上的所有数值作为初始值（如果存在的话），然后执行循环体内的程序代码，此时如果循环外的数据发生变化，将不会影响到循环的内部。执行完毕后查看条件端子的布尔值（设定为真时停止），如果该数值为真（T）则退出循环；如果该值为假（F）则继续进行循环，然后再次查看条件端，直到该值为真（T）时才停止循环。依据 While 循环的数据流运行机制，可以看出，对于 While 循环而言，它至少会执行一次。

如图 2 - 6 所示，通过实际运行，会看到 While 循环要么执行一次（开关 = 真（T）），要么就无限期执行下去（开关 = 假（F））。因为依据数据流的工作原理，所有输入 While 循环的数据必须在执行循环前传输，而循环的输出数据只有循环结束后才能够输出。所以当开关为真（T）时，While 循环只执行一次；当开关为假（F）时，While 将会无限期地运行下去。这时的循环实质是死循环，设计中一定要避免这样的情况发生。因此，While 循环的控制量应该在循环内产生。图 2 - 7 所示为合理使用 While 循环的方法。

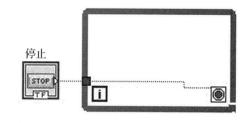

图 2 - 7　无限循环

实际上，图 2 - 8 解决了 While 循环合理运行时的逻辑关系，但这并不能保证 While 循环真正的合理运行，因为在图 2 - 8 中，While 循环将以最高的循环速度进行，这将会占用大量的 CPU 资源，甚至会使其他程序运行受阻。解决这个问题的简单办法就是在 While 循环中插入延时节点，如图 2 - 9 所示。

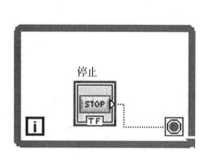

图 2 - 8　控制 While 循环

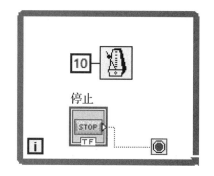

图 2 - 9　合理地控制 While 循环的方法

如果 While 循环中的程序代码执行时间足够长（相当一定的延时时间），也可以不插入定时节点。另外还有一个解决方法使用定时 While 循环。

2.3　For 循环

与 While 循环不同，For 循环可以控制某段程序在循环体内重复执行的次数，因此适合于预先知道某程序段重复执行次数的情况。

和 While 循环一样，它不会立刻出现在流程图中，而是出现一个小的图标，而后可以修改它的大小和位置。具体的方法：先单击所有端子的左上方，然后按住鼠标，拖出一个包含所有端子的矩形。释放鼠标时就创建了一个指定大小和位置的 For 循环。For 循环结构如图 2 - 10 所示。

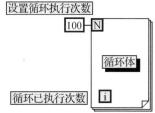

For 循环把它的框图中的程序执行指定的次数，For 循环具有下面这两个端子。

1）N：计数端子（输入端子），用于指定循环执行的次数。

2）i：周期端子（输出端子），含有循环已经执行的次数。

图 2 - 10 显示了可以产生 100 个随机数并将数据显示在一个图表上的 For 循环。在该例中，i 的初值是 0，终值是 99。

图 2 - 10　For 循环结构

2.4　移位寄存器

1. 移位寄存器的使用

移位寄存器用于 While 循环和 For 循环。使用移位寄存器可在循环体的循环之间传递数据，其功能是将上一次循环的值传给下一次循环。创建移位寄存器的方法：右键单击循环框架的左边或右边，在快捷菜单中选择"添加移位寄存器"，此时会在 For 循环和 While 循环的左右边框上自动添加一个寄存器对，如图 2 - 11 所示。

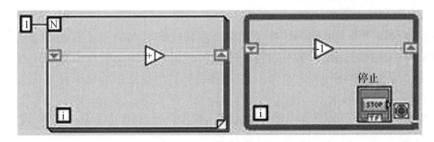

图 2 - 11　添加移位寄存器对

在框图上移位寄存器用循环边框上的一对端子来表示。右边的端子中存储了一个周期完成后的数据。这些数据在这个周期完成后将被转移到左边的端子，赋给下一个周期。移位寄存器可以转移各种类型的数据，如数值、布尔值、数组、字符串等，它还会自动适应与它相连接的第一个对象的数据类型。移位寄存器的工作过程（以 For 循环为例）如图 2 - 12 所示。

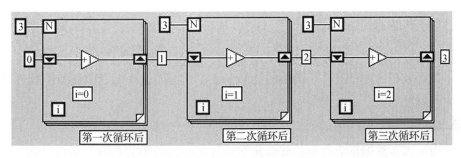

图 2 - 12　移位寄存器工作过程

17

图 2－12 中借用帧的表现手法，演示了移位寄存器（数据）与循环间的关系。需要注意的是，这里为移位寄存器进行了初始化。移位寄存器是多态的，可以接收数值、字符串、数组等数据类型，大多数移位寄存器应用时都必须进行初始化。假如将图 2－12 中的初始化值 0 去掉，就会发现，每重复运行一次，它的输出值都会得到加 3 的结果。这表明移位寄存器具有记录保存数据的能力，前提是它必须驻留在内存中。

2. 多个移位寄存器的建立

添加多个移位寄存器，可以访问前几次循环的数据，令移位寄存器记忆前面多个周期的数值。这个功能对于计算数据均值非常有用，如图 2－13 所示。添加方法：右键单击右侧的移位寄存器，选择"添加元素"，即可在左侧添加多个移位寄存器。

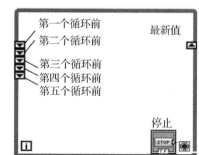

图 2－13　多个移位寄存器的建立

2.5　反馈节点

反馈节点用于将子 VI、函数或一组子 VI 和函数的输出连接到同一个子 VI、函数或数组的输入上，即创建反馈路径。反馈节点只能用在 While 循环或 For 循环中，是为循环结构设置的一种传递数据的机制。反馈节点和只有一个左端子的移位寄存器的功能完全相同，是一种更简洁的表达方式，所不同的是使用反馈节点可以减少连线的长度，所以二者是可以相互转换的。

移位寄存器和反馈节点之间的转换很容易。在移位寄存器的左或右端子上单击右键，在弹出的快捷菜单中选择使用反馈节点代替，即可转变为同样功能的反馈节点；在反馈节点本身或者其初始化端子上单击右键，在弹出的快捷菜单中选择使用移位寄存器代替，即可转变为同样功能的移位寄存器。

从数据流的观点看，反馈节点的引入似乎破坏了数据流的关系。因为我们一般确定数据是从数据源传递到数据终端的，可是反馈节点破坏了这一基本原则。它允许数据逆向流动，即从数据的终端反馈到数据输入端（反馈节点上的箭头指出了数据的流动方向）。

其实，这里千万不能与模拟电子电路中运算放大器反馈的概念混为一谈。在模电中，反馈的概念是实时进行的，而反馈节点中反馈的概念是异步进行的（迭代是关键）。实质上，反馈节点就是移位寄存器的简化版本，所以对反馈节点的要求同样适用于移位寄存器。

2.6　条件分支结构

条件结构在图形化语言中也被称为 Case 结构，位于"函数选板"→"编程"→"结构选板"中。图形化语言中还有一个简单的类似于条件结构的选择函数。选择函数可以简单地处理程序中的选择结果。

1. 基本条件结构

条件结构是大多数编程语言都具备的基本结构之一。图形化的基本条件结构如图 2－14 所示。

基本条件结构包括如下几个部分：

1）条件结构框架。在条件结构框架内放置所要执行的程序代码。基本条件结构有两个层叠在一起的框架。

2）条件结构分支选择器。位于条件结构框架的左端，用一个"?"号来表示。基本条件结构接收的是布尔值（真或假）。根据这个布尔值确定所执行的分支程序内容。

3）分支标识。用来标识当前的条件结构程序代码。用鼠标单击向下的箭头，可以看到目前所选择的框架。用鼠标单击横向的箭头，可以改变目前所显示的框架。

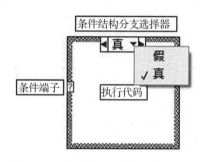

图 2-14　基本条件结构示意图

当程序执行到基本条件结构时，条件结构首先判断条件结构分支选择器中的内容是真还是假，如果是真则自动执行 Case 结构中真的程序代码；如果是假则自动执行 Case 结构中假的程序代码。

基本条件结构的外观有些类似于层叠式结构（只能看到其中一帧的内容），所不同的是条件结构每次只能执行所确定帧的程序代码，而层叠式顺序结构则要执行每一帧中的程序代码。

2. 复杂条件结构

基本条件结构只能识别布尔值的真或假。实际上，图形化的条件结构分支选择器对多种数据类型都可以自动识别，除了布尔类型外，还包括了整数、枚举、字符串等数据类型。

（1）整数类型

整数类型应用非常广泛。在条件结构中，输入整数类型数据会在条件选择器标签中显示出相应的数值，如图 2-15 所示。

可以通过数值控件直接来控制程序的执行流程。此时，条件选择器标签中只显示出 0、1 两项，如果需要添加更多的分支，可以右键单击 Case 结构框架，在弹出的快捷菜单中选择"在后面添加分支"或者"在前面添加分支"，实现更多的分支控制，如图 2-16 所示。

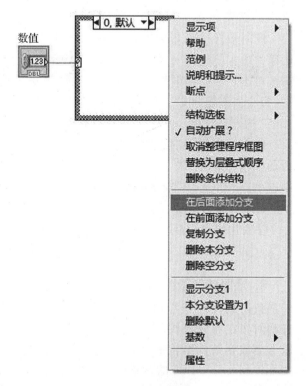

图 2-16　添加分支

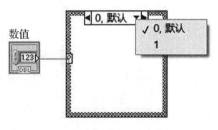

图 2-15　整数输入控件直接
与条件结构连接

（2）枚举类型

枚举类型是与文本项相关的整数，可以为从零开始的整数分配相对应的名称。在条件结构中，输入枚举类型数据会在选择器标签中显示出相对应的名称。

最常用的枚举类型控件有三种，包括枚举控件、选项卡控件和单选按钮控件，如图 2 - 17 所示。

图 2 - 17　枚举类型控件

选项卡控件和单选按钮控件可以直接与条件结构相连接，条件结构会自动在选择器标签页中给出对应的名称，如图 2 - 18 所示。

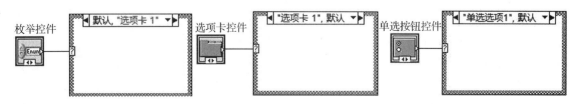

图 2 - 18　枚举类型控件直接与条件结构连接

当在前面板上放置一个枚举控件时，它的文本项内容是空的，此时如果与 Case 结构相连，系统会提示出错。填写文本项只能在前面板上进行，具体操作：在前面版上用鼠标右键单击枚举控件，在弹出的快捷菜单中选择"确定：编辑项"。此时系统会弹出枚举控件的属性列表，在这里可以填写文本项的内容。例如，按顺序填写"东""西""南""北"后单击"确定"按钮，并将枚举控件与条件结构相连，会看到如图 2 - 19 所示的结果。

此时条件选择器标签中只显示出"东""西"两项，而实际上填写了四项。对于这种情况，可以右键单击条件结构框架，在弹出的快捷菜单中选择"为每个值添加分支"，即可实现"东""西""南""北"的分支控制。

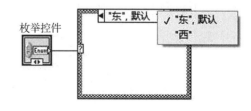

图 2 - 19　枚举控件与条件结构相连接

使用枚举类型时，默认选择项必须预先定义，否则程序会报错。图 2 - 20 中"东"为默认选择项，通过单击条件选择器标签的快捷菜单可以更改默认项的分支。

（3）字符串类型

字符串也可以控制条件结构，但要注意输入字符串的写法要与选择器标签页（必须单独填写）的写法一致，而不经意的空格都可能成为出错的原因，如图 2 - 20 所示。

3. 最简单的条件选择

条件结构由于层叠在一起，很不便于读程序代码。有些时候在布尔条件下，如果执行代码本身很简洁，可以考虑放弃条件结构而选择使用函数中的选择函数。比如想控制字符串控件的背景颜色，可选择如图 2 - 21 所示的方案。

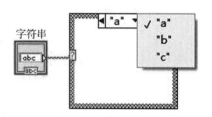

图 2 - 20　字符串输入控件与条件结构相连接

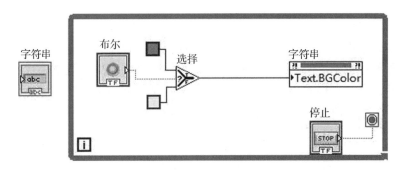

图 2-21　使用选择函数改变文本背景颜色程序框图

图中的颜色常量位于"函数选板"→"图形与声音"→"图片函数"→"颜色盒常量"中。

2.7　事件结构

事件用来通知用户有异步活动发生。图形化语言的事件响应包括用户界面事件、外部 I/O 事件和程序其他部分的事件。对事件的处理程序也称为事件驱动程序。事件驱动程序可以分为若干个分支，每个分支处理不同的事件响应，所以对事件的响应结果也可以控制程序的流程。

事件结构位于"函数选板"→"编程"→"结构"子选板中。与条件结构和循环结构类似，事件结构也包含了一个主框架，这个框架内将用来放置事件处理的事件驱动程序代码。如果事件处理任务众多，会有众多事件分支存在，在结构上类似于 Case 的多帧结构（选择器标签），如图 2-22 所示。

当在程序框图上拖放一个事件结构时，只能看到图 2-22 所示的一帧已经预先注册的超时事件及超时事件分支。超时事件是一种特殊的事件，当然也可以看成是默认的事件分支。如果存在其他事件源，超时事件完全可以被忽略或取消。

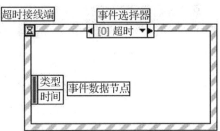

图 2-22　事件结构示意图

事件驱动的编程机制是由事件决定程序执行流程。事件结构就是当某一指定的事件发生时，就会执行相应框图中的程序。当结构执行时，仅有一个子程序框图或分支在执行。事件结构将等待直至某一事件发生，并执行相应条件分支从而处理该事件。为了响应多个事件的请求，要求在事件结构外面套加一个 While 循环，以便能够及时准确地响应每个事件。事件结构通常包括以下两个部分：

1）事件选择器。包含有若干个注册的事件源及同等数目的事件分支层，在每个事件分支层中包含对该事件响应的处理程序。

2）While 循环。用来检测连续不断产生的事件。

事件结构中的 While 循环，是用来确保检测到连续不断发生的事件。如果没有这个 While 循环，无论有多少事件发生只能对第一个发生的事件进行处理，处理完程序将退出事件结构。

2.8 公式节点

一些复杂的算法如果完全依赖于图形代码实现，框图程序会十分复杂，工作量大，而且不直观，调试和改错也不方便。LabVIEW 提供了一种专门用于处理数学公式编辑的特殊结构形式，称为公式节点。在框架内，可以直接输入数学公式或者方程式，并连接相应的输入、输出端口，如图 2-23 所示。

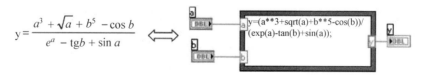

$$y = \frac{a^3 + \sqrt{a} + b^5 - \cos b}{e^a - \operatorname{tg}b + \sin a}$$

图 2-23 公式节点

公式节点位于函数选板的结构子选板。右击节点边框，在弹出的快捷菜单中选择增加输入或增加输出，创建输入变量和输出变量端口，并使用标签工具为每个变量命名。公式节点中使用的每一个变量必须是输入或输出之一，两个输入或输出不能具有相同的名字，但一个输出可以与一个输入有相同的名字。变量名有大小写之分，必须与公式中的变量匹配。可以在公式节点的边框上添加多个变量。

输入公式时，每个公式一定要用分号结束，如果有很多公式，可以从公式节点弹出的快捷菜单中选择滚动条。通过公式节点，用户不仅可以实现复杂的数学公式，还能通过文本编程写一些基本的逻辑语句，如 If...Else...、Case、While 循环之类的语句。

2.9 实训练习

首先启动 LabVIEW 开发环境。在菜单栏中选择"文件"→"新建项目"。保存这个项目，在该项目的菜单栏选择"文件"→"保存"（如保存到"D：\ labVIEW \ ProgramStructure. lvproj"）。

 【练习 2-1】使用顺序结构

目的：创建一个 VI，计算生成等于某个给定值的随机数所需要的时间。

约定数据是 0 到 100 范围的整数。当前值用于显示当前产生的随机数。"执行次数"用于显示达到指定值循环执行的次数。匹配时间用来显示达到指定值所用的时间。

1）选择"文件"→"新建 VI"，打开一个新的前面板。

① 添加数值输入控件（"控件选板"→"新式"→"数值"→"数值输入控件"），放在前面板，将其标签改为"给定数据"。

② 添加数值显示控件（"控件选板"→"新式"→"数值"→"数值显示控件"），放在前面板，将其标签改为"当前值"。

③ 添加数值显示控件（"控件选板"→"新式"→"数值"→"数值显示控件"），放在前面板，将其标签改为"执行次数"。

④ 添加数值显示控件（"控件选板"→"新式"→"数值"→"数值显示控件"），放在前面板，将其标签改为"匹配时间（秒）"。

前面板如图 2-24 所示。

图 2 - 24　前面板

2）按 < Ctrl + E > 组合键切换到该 VI 的程序框图。

① 在程序框图中放置一个层叠式顺序结构（"函数选板"→"编程"→"结构"）。

② 添加时间计数器函数（"函数选板"→"编程"→"定时"），该函数返回启动到现在的时间（以毫秒为单位）。在这里需要使用两个这个函数，另一个在第 2 帧中。

③ 添加顺序局部变量。右键单击顺序结构第 0 帧的底部边框，在弹出的快捷菜单中选择"添加顺序局部变量"，创建顺序局部变量。顺序局部变量可以在同一个顺序结构中的各个帧之间传递数据。顺序局部变量显示为一个空的方块。当将某个功能函数与顺序局部变量相连时，方块中的箭头就会自动显示，如图 2 - 25a 所示。

④ 右键单击顺序结构的边框，在快捷菜单中选择"在后面添加帧"，创建一个新帧，即第 1 帧。

⑤ 在第 1 帧中放置一个 While 循环结构（"函数选板"→"编程"→"结构"），并设置循环条件为真时继续。

⑥ 在 While 循环结构中添加随机数（0 ~ 1）函数（"函数选板"→"编程"→"数值"），产生 0 到 1 之间的某个随机数。

⑦ 添加乘法函数（"函数选板"→"编程"→"数值"）。用右键单击乘法函数下方的输入端子，在快捷菜单中选择"创建常量"，出现一个数值常数，并自动与功能函数连接。将数值常量值设置为100。

⑧ 添加最近数取整函数（"函数选板"→"编程"→"数值"）。在该例中，它用于取 0 到 100 之间的随机数到距离最近的整数。

⑨ 添加"不等于?"比较函数（"函数选板"→"编程"→"比较"）。在该例中，它将随机数和前面板中设置的数相比较，如果两者不相等会返回 TRUE 值，否则返回 FALSE。

⑩ 添加"加1"函数（"函数选板"→"编程"→"数值"），在该例中，它将 While 循环的计数器加 1。

⑪ 按图 2 - 25b 所示连线。

⑫ 右键单击顺序结构第 1 帧的边框，在快捷菜单中选择"在后面添加帧"，创建一个新帧，即第 2 帧。

⑬ 在第 2 帧中添加时间计数器函数（"函数选板"→"编程"→"定时"）。

⑭ 在第 2 帧中添加除法函数（"函数选板"→"编程"→"数值"）。

⑮ 添加 DBL 数值常量（"函数选板"→"编程"→"数值"→"DBL 数值常量"），修改常量数值为 1000.00。

⑯ 按图 2 - 25c 所示连线。

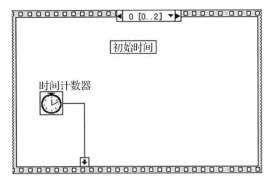

a)

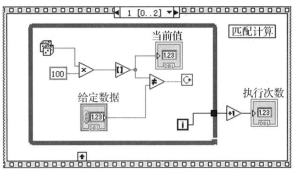

b)

c)

图 2 - 25　程序框图（共 3 帧）

3）返回前面板，在"给定数据"控件中输入一个 0 ~ 100 以内的数值，执行该 VI。

4）把该 VI 保存为"2 - 1. vi"。在第 0 帧中，时间计数器函数将以毫秒为单位表示当前时间。这个数值被连到顺序局部变量，这样它就可以被后续的帧使用。在第 1 帧中，只要函数返回的值与指定值不等，VI 就会持续执行 While 循环。在第 2 帧中，时间计数器函数以毫秒为单位返回新的时间，VI 从中减去原来的时间（由第 0 帧通过顺序局部变量提供）就可以计算出花费的时间。

 【附注 1】 设置数值范围

在设定一个数据对象时，可以设置对输入数据的限制。

对于练习 2 - 1 中的"给定数据"控件，单击右键，在快捷菜单中选择"数据输入"，按照图 2 - 26 设置输入数据的范围。

设置数据范围可以防止用户创建的控制对象或显示对象的值超出某个预设的范围。可以选择忽略这个值，或将它强制修改到范围以内，或暂停程序的执行。在程序执行时，如果发生溢出错误，溢出错误符号将显示在工具栏中的执行按钮的位置。而且，一个立体的黑框将把发生溢出的控制对象包围起来。

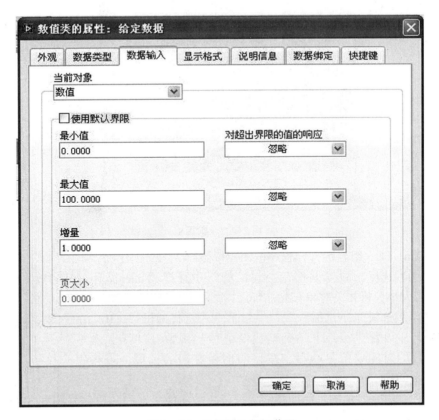

图 2 - 26 设置输入数据范围

 【练习 2 - 2】使用 While 循环

目的：用 While 循环和图表获得数据，并实时显示。

创建一个可以产生并在图表中显示随机数的 VI。前面板有一个控制旋钮可在 0 到 10 秒之间调节循环时间，还有一个开关可以中止 VI 的运行。学习怎样改变开关的动作属性，以便不用每次运行 VI 时都要打开开关。操作步骤如下：

1）选择"文件"→"新建 VI"，打开一个新的前面板。

2）选择"控件选板"→"Express"→"按钮与开关"→"垂直摇杆开关"，在前面板中放置一个开关。设置开关的标签为"控制开关"。

使用"工具选板"→"A"标签工具创建 ON 和 OFF 的标签，放置于开关旁。

3）选择"控件选板"→"Express"→"波形图表"，设置它的标签为随机信号波形图表。这个图表用于实时显示随机数。

把图表的纵坐标改为 0.0 到 1.0。方法是用"工具选板"→ 🖐 工具把最大值从 10.0 改为 1.0。

4）选择"控件选板"→"Express"→"数值"→"旋钮"，在前面板中放置一个旋钮。设置旋钮的标签为"循环延时"。这个旋钮用于控制 While 循环的循环时间，如图 2 - 27 所示。

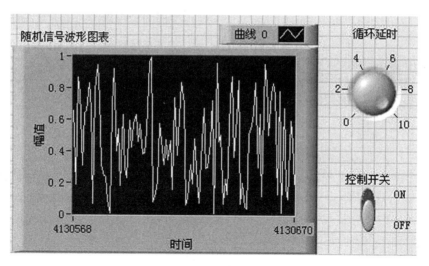

图 2 - 27   前面板

5）按 < Ctrl + E > 组合键打开程序框图，按照图 2 - 29 创建程序框图。

① 从"函数选板"→"编程"→"结构"中选择 While 循环，把它放置在流程图中。将其拖至适当大小，将相关对象移到循环圈内。

② 从"函数选板"→"编程"→"数值"中选择随机数（0 ~ 1）函数放到循环圈内。

③ 在循环中设置"等待下一个整数倍毫秒"函数（"函数选板"→"编程"→"定时"），该函数的时间单位是毫秒，按目前面板旋钮的标度，可将每次执行时间延迟 0 到 10 毫秒。

④ 按照图 2 - 28 所示的程序图连线，把随机数功能函数和随机信号图表输入端子连接起来，并把启动开关和 While 循环的条件端子连接。

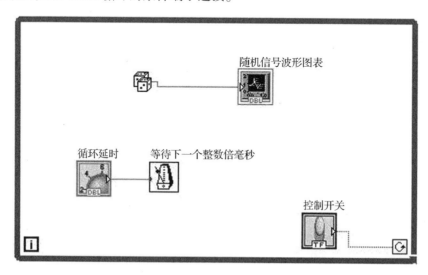

图 2 - 28   程序框图

6）返回前面板，使用工具选板 将垂直摇杆开关置于 ON 状态。

7）把该 VI 保存为"2 - 2. vi"。

8）执行该 VI。While 循环的执行次数是不确定的，只要设置的条件为真，循环程序就会持续运行。在这个例子中，只要开关打开（TRUE），框图程序就会一直产生随机数，并将其在图表中显示。

9）单击垂直开关，中止该 VI。关闭开关这个动作会给循环条件端子发送一个 FALSE 值，从而中止循环。

10）右键单击图表，选择"数据操作"→"清除图表"，清除显示缓存，重新设置图表。

✔ 【附注 2】布尔开关的机械动作

布尔控件"值改变"的瞬间是非常重要的，在现实世界里也存在这种现象。比如我们有一个手持的计数器，每按一下按钮，需要增加一个计数。这时我们就要考虑机械动作的问题，因为如果按钮一旦按下就开始计数，由于仪器内部反应非常快，在按下和释放之前，内部可能产生多次计数，这显然是不合理的。正确的做法是在按钮抬起时计数，这样就可以按一下，产生一次计数。在各类机械动作中，该类动作称作"释放时转换"。LabVIEW 中布尔控件的机械动作共分成 6 种，根本区别在于转换生效的瞬间和 LabVIEW 读取控件的时刻。在前面板上右键单击开关，在快捷菜单中选择"机械动作"，就可以看到这些可选的动作，如图 2-29 所示。

6 种机械动作的图标非常形象，最上边的 M（mouse）表示操作控件时鼠标的动作，V（value）表示控件输出值，RD（read）表示 VI 读取控件的时刻。下面分别介绍这 6 种机械动作。

（1）单击时转换

这种机械动作相当于机械开关。鼠标单击后，立即改变状态，并保持改变的状态，改变的时刻是鼠标单击的时刻。再次单击后，恢复原来状态，与 VI 是否读取控件无关。

（2）释放时转换

当鼠标按键释放后，立即改变状态。改变的时刻是鼠标按键释放的时刻。再次单击并释放鼠标按键时，恢复原来状态，与 VI 是否读取控件无关。

（3）单击时转换保持到鼠标释放

这种机械动作相当于机械按钮。鼠标单击时控件状态立即改变，鼠标按键释放后立即恢复，保持时间取决于单击和释放之间的时间间隔。

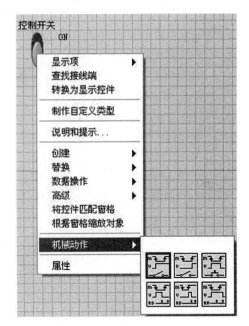

图 2-29 布尔开关的 6 种机械动作

（4）单击时触发

这种机械动作中，鼠标单击控件后，立即改变状态。何时恢复原来状态，取决于 VI 何时在单击后读取控件，与鼠标按键何时释放无关。如果在鼠标按键释放之前读取控件，按下的鼠标不再继续起作用，控件的值已经恢复到原来状态。如果在 VI 读取控件之前释放鼠标按键，改变的状态保持不变，直至 VI 读取。简而言之，改变的时刻等于鼠标按下的时刻，保持的时间取决于 VI 何时读取。

（5）释放时触发

这种机械动作同"单击时触发"类似，差别在于改变的时刻是鼠标按键释放的时刻，何时恢复取决于 VI 何时读取控件。

（6）保持触发直至鼠标释放

这种机械动作中，鼠标按键按下时立即触发，改变控件值。鼠标按键释放或者 VI 读取，这两个条件中任何一个满足，立即恢复原来状态。到底是鼠标释放还是 VI 读取触发的，取决于它们发生的先后次序。

 【练习 2 - 3】使用 For 循环

目的：每秒读取一次温度，连续测量 1 分钟。

1）选择"文件"→"新建 VI"，打开一个新的前面板。

2）选择"控件选板"→"银色"→"数值"→"温度计"，在前面板中放置一个温度计。

3）选择"控件选板"→"银色"→"数值"→"数值显示控件"，在前面板中放置一个显示控件，用于显示所用时间。设置控件的标签为 time (seconds)，如图 2 - 30 所示。

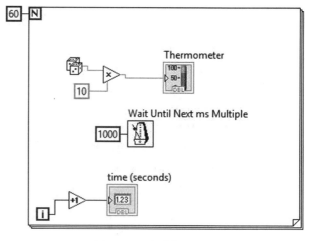

图 2 - 30　前面板

4）按 < Ctrl + E > 组合键打开程序框图，按照图 2 - 31 创建程序框图。

① 从"函数选板"→"编程"→"结构"中选择 For 循环，把它放置在流程图中。将其拖至适当大小，将相关对象移到循环圈内。

② 右键单击 For 循环左上角的循环计数端口，并从快捷菜单中选择"创建"→"常量"，在产生的常数框中输入 60，设置 For 循环重复执行 60 次，即 1 分钟。

③ 从"函数选板"→"编程"→"数值"中选择随机数（0~1）函数、乘法函数、"加 1"函数放到 For 循环内。

④ 在 For 循环中设置"等待下一个整数倍毫秒"函数（"函数选板"→"编程"→"定时"），该函数的时间单位是毫秒，右键单击定时函数左侧的端口，并从快捷菜单中选择"创建"→"常量"，在产生的常数框中输入 1000，即 1 秒。

图 2 - 31　程序框图

⑤ 按照图 2 - 31 所示的程序图连线。

5）执行该 VI，观察前面板温度变化。

单击程序框图工具栏中的"高亮执行"，再一次运行 VI，观察执行的顺序。

6）把该 VI 保存为"2 - 3. vi"。

 【练习 2 - 4】使用移位寄存器

目的：用 For 循环和移位寄存器计算一组随机数的最大值。

具体步骤如下：

1）选择"文件"→"新建 VI"，打开一个新的前面板。

2）添加波形图表控件（"控件选板"→"Express"→"波形图表"），设置它的标签为随机信号波形图表。这个图表用于实时显示随机数。把图表的纵坐标改为 0.0 ~ 10.0。右键单击波形图表控件，在图表的快捷菜单中选择"显示项"→"X 滚动条"和"数字显示"，并隐藏图例。调整 X 滚动条的大小使其和波形图表一样宽。

3）添加"数字显示"控件（"控件选板"→"经典"→"经典数值"→"数值显示控件"），放在前面板，设置它的标签为"最大值"。

前面板如图 2-32 所示。

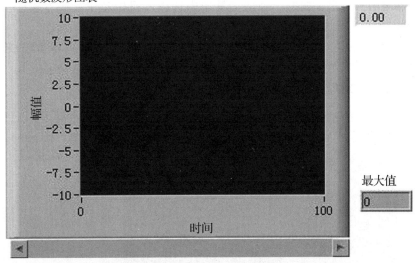

图 2-32　前面板

4）按 < Ctrl + E > 组合键切换到该 VI 的程序框图，按照图 2-33 创建程序框图。

① 在程序图中放置一个 For 循环（"函数选板"→"编程"→"结构"）。设置循环执行次数 N 值为100。在 For 循环的边框处单击右键，在快捷菜单中选择添加移位寄存器。

② 添加随机数（0~1）函数（"函数选板"→"编程"→"数值"），产生 0 到 1 之间的某个随机数。

③ 添加数值常数（"函数选板"→"编程"→"数值"），在这个练习中需要将移位寄存器的初始值设成0。

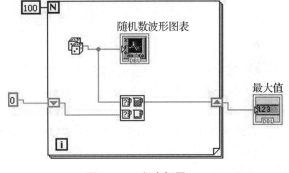

图 2-33　程序框图

④ 添加最大值最小值函数（"函数选板"→"编程"→"比较"），该函数输入两个数值，再将它们的最大值输出到右上角，最小值输出到右下角。这里只需要最大值，只用连接最大值输出。

⑤ 按照图 2-33 连接各个端子。

5）运行该 VI。

6）将该 VI 保存为"2-4. vi"。

 【练习2-5】使用多个移位寄存器

目的：创建一个可以在图表中显示运行平均数的 VI。

1）选择"文件"→"新建 VI"，打开一个新的前面板。

2）选择"控件选板"→"经典"→"经典布尔"→"垂直开关"，在前面板中放置一个开关。

使用"工具选板"→"A"标签工具创建 ON 和 OFF 的标签，放置于开关旁。

在添加标签之后，右键单击它，在快捷菜单中选择"机械动作"→"单击时转换"，再选择"数据操作"→"当前值设置为默认值"，把 ON 状态设置为默认状态。

3）选择"控件选板"→"Express"→"波形图表"，设置它的标签为随机信号波形图表。这个图表用于实时显示随机数。把图表的纵坐标改为 0.0 到 2.0，方法是用"工具选板"→🖐工具把最大值从 10.0 改为 2.0 前面板如图 2 - 34 所示。

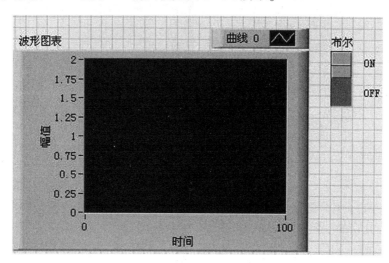

图 2 - 34　前面板

4）按 < Ctrl + E > 组合键切换到该 VI 的程序框图。

① 在流程图中添加 While 循环（"函数选板"→"编程"→"结构"），创建移位寄存器。

右键单击 While 循环的左边或者右边，在快捷菜单中选择"添加移位寄存器"。

右键单击寄存器的左端子，在快捷菜单中选择"添加元素"，添加一个寄存器。用同样的方法创建第三个元素。

② 添加随机数（0 ~ 1）函数（"函数选板"→"编程"→"数值"），产生 0 到 1 之间的某个随机数。

③ 添加复合函数（"函数选板"→"编程"→"数值"），在本练习中，它将返回两个周期产生的随机数的和。如果要加入其他的输入，只需单击右键，在快捷菜单中选择"添加输入"。

④ 添加除法函数（"函数选板"→"编程"→"数值"），它用于返回最近四个随机数的平均值。

⑤ 添加数值常数（"函数选板"→"编程"→"数值"）。在 While 循环的每个周期，随机数（0 ~ 1）函数将产生一个随机数。VI 就将把这个数加入到存储在寄存器中的最近三个数值中。随机数（0 ~ 1）函数再将结果除以 4，就能得到这些数的平均值（当前数加上以前的三个数）。然后再将这个平均值显示在波形图中。

⑥ 添加"等待下一个整数倍毫秒"函数（"函数选板"→"编程"→"定时"），它将确保循环的每个周期不会比毫秒输入快。在本练习中，毫秒输入的值是 500。如果右键单击图标，从快捷菜单中选择"显示项"→"标签"，就可以看到等待下一个整数倍毫秒的标签。

⑦ 右键单击"等待下一个整数倍毫秒"函数的输入端子，在快捷菜单中选择"创建常量"，出现一个数值常数，并自动与功能函数连接。将数值常量值设置为 500，这样就为连接到函数的数值常数设置了 500 毫秒的等待时间，即循环每半秒执行一次，如图 2-35 所示。注意，VI 用一个随机数作为移位寄存器的初始值。如果没有设置移位寄存器端子的初始值，它就含有一个默认的数值，或者上次运行结束时的数值，因此开始得到的平均数没有任何意义。

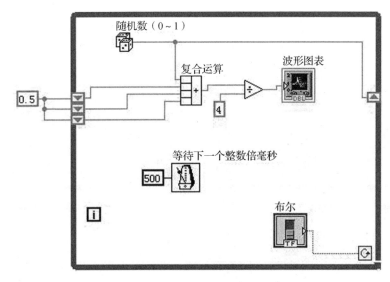

图 2-35　程序框图

5）执行该 VI，观察过程。

6）把该 VI 保存为"2-5. vi"。

【附注 3】移位寄存器的初值

上面的练习中对移位寄存器设置了初值 0.5。如果不设这个初值，默认的初值是 0。在这个例子中，一开始的计算结果是不对的，只有到循环完 3 次后移位寄存器中的过去值才填满，即第 4 次循环执行后可以得到正确的结果。

【练习 2-6】使用反馈节点

目的：移位寄存器和反馈节点的转换。

1）选择"文件"→"新建 VI"，打开一个新的前面板。

2）选择"控件选板"→"银色"→"数值"→"数值显示"，在前面板中放置一个数值显示控件，将其标签改为"X+1"。

3）选择"控件选板"→"银色"→"布尔"→"停止按钮"，在前面板中放置一个停止按钮。

前面板如图 2-36 所示。

图 2-36　前面板

4）按＜Ctrl＋E＞组合键切换到该 VI 的程序框图，如图 2－37 所示。

① 从"函数选板"→"编程"→"结构"中选择 While 循环，把它放置在流程图中。将其拖至适当大小，将相关对象移到循环圈内。

② 在 While 循环中添加"加 1"函数。

③ 从"函数选板"→"编程"→"定时"中选择"等待（ms）函数"，右键单击函数左侧端口，选择"创建"→"常量"，在产生的常数框中输入 100。

④ 在 While 循环的边框单击右键，在弹出的快捷菜单中选择"增加移位寄存器"。

5）运行该 VI，观察结果。

6）将鼠标移至移位寄存器，单击右键，在快捷菜单中选择"使用反馈节点替换"，程序框图自动转换为如图 2－38 所示。

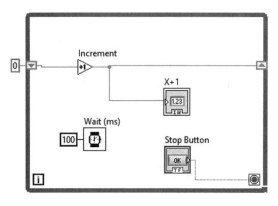

图 2－37　程序框图　　　　　图 2－38　练习 2－6 程序框图（反馈节点）

7）运行该 VI，观察结果。

8）将该 VI 保存为"2－6. vi"。

 【练习 2－7】基本条件结构

目的：创建一个 VI 以检查一个数值是否为正数。如果它是正的，VI 就计算它的平方根，反之则显示出错。

1）选择"文件"→"新建 VI"，打开一个新的前面板。

① 添加数值输入控件（"控件选板"→"新式"→"数值"→"数值输入控件"），放在前面板。

② 添加数值显示控件（"控件选板"→"新式"→"数值"→"数值显示控件"），放在前面板，将其标签改为"平方根"。

前面板如图 2－39 所示。

图 2－39　练习 2－7 前面板

2）按＜Ctrl＋E＞组合键切换到该 VI 的程序框图。

① 在程序图中放置一个条件结构（"函数选板"→"编程"→"结构"）。

② 添加"大于等于 0？"比较函数（"函数选板"→"编程"→"比较"），如果输入数值大于或者等于 0 该函数就会返回一个 TRUE 值。

③ 在 Case 结构的 True 分支中添加平方根函数（"函数选板"→"编程"→"数值"），该函数返回输入数值的平方根。

④ 单击 Case 框的选择按钮，转入 False 分支的编程。

⑤ 添加数值常数（"函数选板"→"编程"→"数值"），这里用于显示错误的代数值

-999.00。右键单击该数值常数,在快捷菜单中选择"显示格式",勾去"隐藏无效零",精度类型选择"精度位数",并将位数设置为2。

⑥ 添加单按钮对话框函数("函数选板"→"编程"→"对话框与用户界面"→"单按钮对话框"),在这里它用于显示一个对话框,内容是"Error…"。右键单击单按钮对话框函数左边上方的消息输入端子,在快捷菜单中选择"创建常量",出现一个字符串常数,并自动与功能函数连接,将字符串常量值设置为"Error…"。

按照图 2-40 连接各个端子。

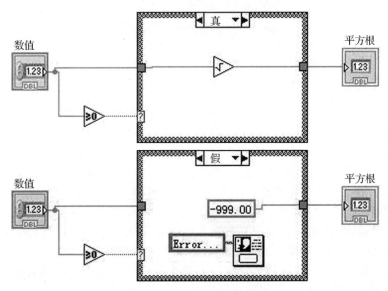

图 2-40　练习 2-7 程序框图

3) 返回前面板,运行该 VI。修改标签为数值的控件的数值,分别尝试一个正数和负数。注意,当把数值控件的值改为负数时,LabVIEW 会显示 Case 结构的 FALSE Case 中设置的出错信息。

4) 保存该 VI 为"2-7.vi"。

该 VI 在 TRUE 或者 FALSE 情况下都会执行。如果输入的数值大于等于 0,VI 会执行真分支,返回该数的平方根,否则将会输出 -999.00,并显示一个对话框,内容为"Error…"。

 【练习 2-8】公式节点

目的:创建一个 VI,它用公式节点计算下列等式:

$y1 = x^3 - x^2 + 5$

$y2 = m * x + b$

x 的范围是从 0 到 10。可以对这两个公式使用同一个公式节点,并在同一个图表中显示结果。

1) 选择"文件"→"新建 VI",打开一个新的前面板。

① 添加波形图控件("控件选板"→"Express"→"波形图"),把图表的纵坐标改为0.0 到 1000.0。

② 添加数值输入控件("控件选板"→"新式"→"数值"→"数值输入控件"),放在前面板,将其标签改为"m"。

③ 添加数值输入控件("控件选板"→"新式"→"数值"→"数值输入控件"),放在前面板,将其标签改为"b"。

前面板如图 2-41 所示。

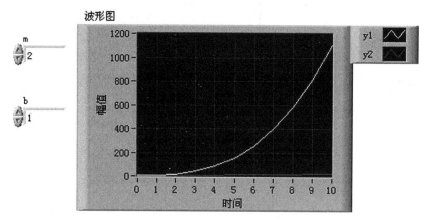

图 2-41 练习 2-8 的前面板

2）按 < Ctrl + E > 组合键切换到该 VI 的程序框图。

① 在程序框图中放置一个 For 循环结构（"函数选板" → "编程" → "结构"）。

设置循环执行次数 N 值为 11。x 的范围是从 0 到 10（包括 10），就必须连接 11 到计数端子。

② 在 For 循环中放置一个公式节点（"函数选板" → "编程" → "结构"）。

公式节点中，在边框上单击右键，在快捷菜单中选择"添加输入"，可以创建三个输入端子。在快捷菜单中选择"添加输出"，创建输出端子。新创建的端子分别输入变量名"m""b""x""y1""y2"。注意：在创建某个输入或者输出端子时，必须给它指定一个变量名，这个变量名必须与公式节点中使用的变量名完全相符。

③ 添加创建数组函数（"函数选板" → "编程" → "数组" → "创建数组"）。在这个例子中，它用于将两个数据构成数组形式提供给一个多曲线的图形中。通过用变形工具拖拉边角就可以创建两个输入端子。

按照图 2-42 连接各个端子。

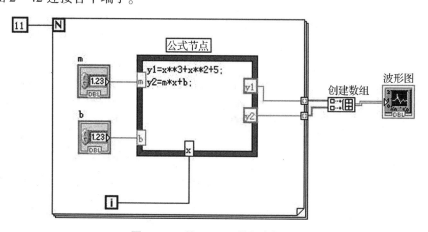

图 2-42 练习 2-8 的程序框图

3）返回前面板，尝试给 m 和 b 赋以不同的值再执行该 VI。

4）把该 VI 保存为"2-8.vi"。

 【练习 2-9】事件结构

目的：创建一个 VI，使用事件结构响应前面板事件。

1）选择"文件" → "新建 VI"，打开一个新的前面板。

① 添加确定按钮控件（"控件选板"→"Express"→"按钮与开关"），将其标签改为"操作"。

② 添加取消按钮控件（"控件选板"→"Express"→"按钮与开关"），将其标签改为"取消工作"。

③ 添加停止按钮控件（"控件选板"→"Express"→"按钮与开关"），将其标签改为"停止"。

④ 添加指示灯控件（"控件选板"→"Express"→"指示灯"→"圆形指示灯"）。

⑤ 添加字符串显示控件（"控件选板"→"新式"→"字符串与路径"）。

⑥ 添加数值显示控件（"控件选板"→"新式"→"数值"）。

⑦ 添加旋钮控件（"控件选板"→"Express"→"数值输入控件"）。

前面板如图 2-43 所示。

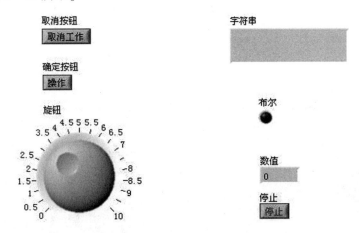

图 2-43　练习 2-9 前面板

2）按 < Ctrl + E > 组合键切换到该 VI 的程序框图。

① 在程序框图中放置一个 While 循环结构（"函数选板"→"编程"→"结构"）。

② 在 While 循环中放置一个事件结构（"函数选板"→"编程"→"结构"）。

单击事件结构边框，从弹出的快捷菜单中选择"添加事件分支"，分别添加取消按钮、确定按钮、旋钮、停止作为事件源的事件分支，事件均为值改变。

按照图 2-44～图 2-48 所示连接各个端子。

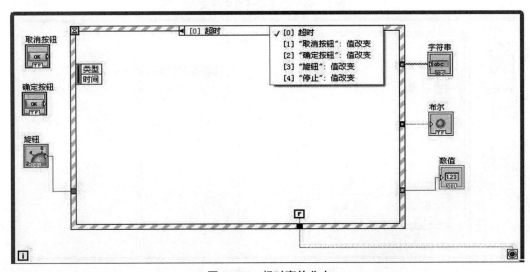

图 2-44　超时事件分支

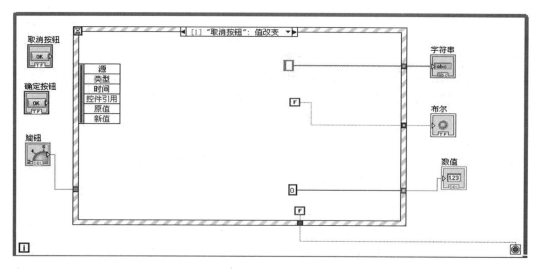

图 2 - 45　取消按钮事件分支

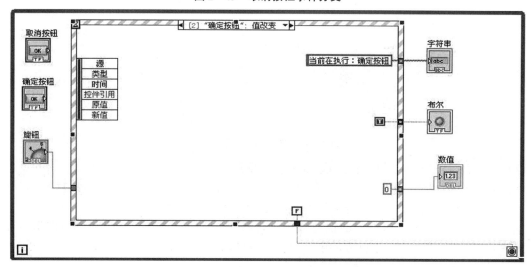

图 2 - 46　确定按钮事件分支

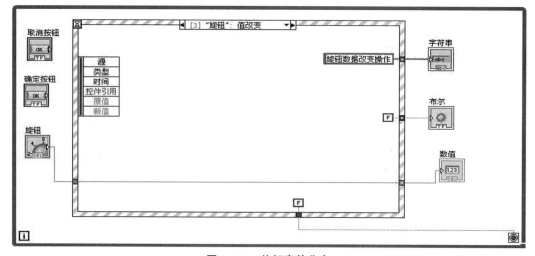

图 2 - 47　旋钮事件分支

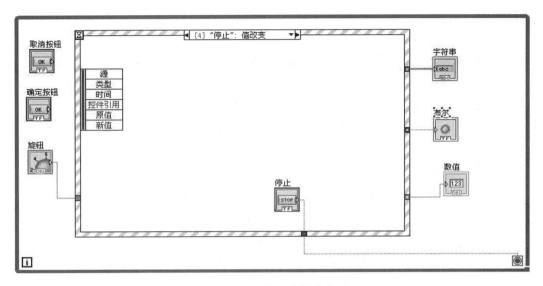

图 2-48　停止事件分支

3）返回前面板，运行该 VI。单击不同的按钮，观察前面板变化，理解事件结构。

4）把该 VI 保存为 "2-9. vi"。

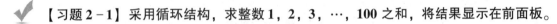【习题 2-1】采用循环结构，求整数 1，2，3，…，100 之和，将结果显示在前面板。

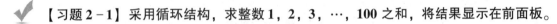【习题 2-2】使用 While 循环

VI 的前面板和程序框图如图 2-49、图 2-50 所示，模拟从数据采集设备采集到一个 0～5V 的电压信号需要转换为相应的水箱的高度（0～20cm）。

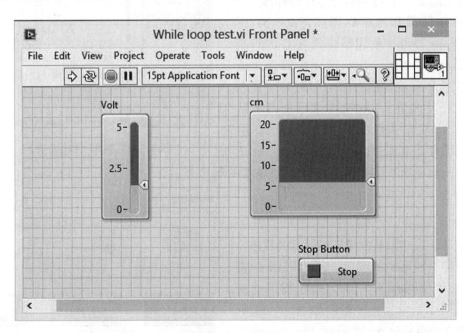

图 2-49　前面板

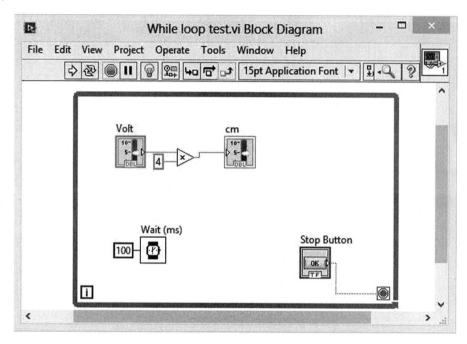

图 2 - 50　程序框图

【习题 2 - 3】使用多个移位寄存器

VI 的前面板和程序框图如图 2 - 51 所示，在 While 循环中使用移位寄存器访问前三次的循环值。N[i] 表示循环次数，此值在下一次循环开始传给右端子。N[i-1] 表示前一次循环的值，N[i-2] 表示前两次循环的值，N[i-3] 表示前三次循环的值。由于 While 循环重复端子的初始值为 0，步长为 1，因此前面板数字指示器按照逐渐递增的顺序显示。

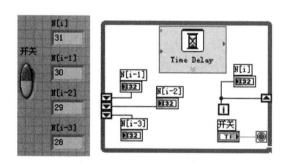

图 2 - 51　前面板和程序框图

【习题 2 - 4】建立带有对话框的程序

建立带有对话框的程序。需要用到子 VI（About. vi 和 Settings. vi）。对话框主程序前面板如图 2 - 52 所示，程序框图如图 2 - 53 所示，共有 3 个事件分支。

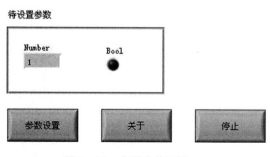

图 2 - 52　主程序前面板

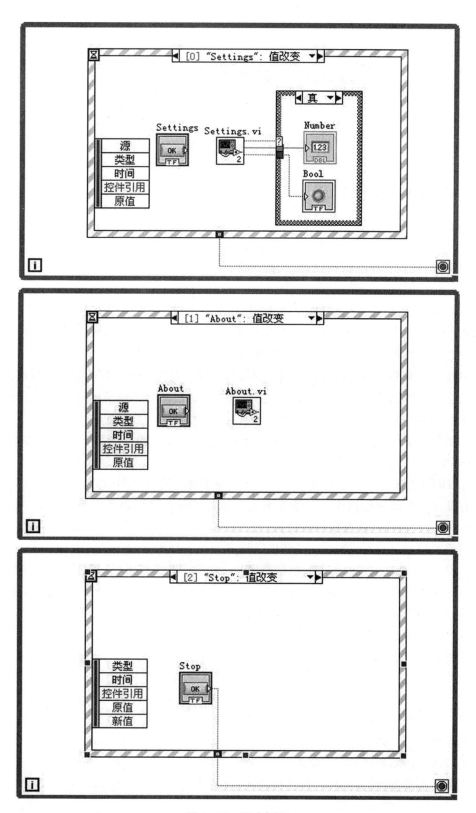

图 2－53　程序框图

第3章 数据类型、数组与簇

3.1 LabVIEW 数据类型

LabVIEW 作为一种完整的编程语言，与其他文本编程语言一样，它的数据操作是最基本的操作，同时还拥有特殊的一些数据类型。LabVIEW 主要的数据类型包括基本数据类型，如数值型、字符型和布尔型；还包括了结构类型（包括一个以上的元素），如数组和簇。

图形化编程语言与 C 语言有着显著不同，C 语言的数据是放置在已声明的"变量"中，LabVIEW 的数据（常数除外）不是放置在变量中，而是放置在前面板的对象——控件（包括输入控件和显示控件）中，同时控件本身还确定了数据的数据类型。

LabVIEW 以浮点数、定点数、整数、无符号整数以及复数表示数值数据。数据类型的差别在于用于存储数据的位数和表示数字的范围不同，双精度和单精度以及复数数值数据在 LabVIEW 中以橙色表示，蓝色则代表所有整数的数值数据。

布尔型的值为 1 或 0，即真（TRUE）或假（FALSE）。通常情况下布尔型即为逻辑型。LabVIEW 用 8 位二进制数保存布尔数据，如 8 位的值均为 0，布尔值为 FALSE。所有非 0 的值都表示 TRUE。布尔数据常见的应用为表示电子数据，并用作开关的前面板控制，它的机械动作往往用来控制执行结构，如条件结构。布尔控件通常用条件语句来退出 While 循环。在 LabVIEW 中，用绿色代表布尔型数据。

字符串是可显示或不可显示的 ASCII 字符序列。字符串可以提供与平台无关的信息和数据格式，是 LabVIEW 中一种基本的数据类型。一些常用的字符串应用包括：创建简单的文本信息；发送文本命令至仪器，以 ASCII 或二进制字符串的形式返回数据，然后转换为数值，从而实现仪器控制；将数字数据存盘，因为要将数字数据存入 ASCII 文件，必须在将数据写入磁盘文件之前将这些数字数据转换成字符串；以对话框指示或提示用户。LabVIEW 中的字符串以粉色表示。字符串包括路径，路径是一种特殊的字符串，专门用于对文件路径的处理。字符串与路径子选板中共有三种对象供用户选择，分别为字符串输入/显示、组合框和文件路径输入/显示。默认情况下创建的字符串输入与显示控件是单行的，长度固定。组合框控件可用来创建一个字符串列表，在前面板上可按次序循环浏览该列表。路径控件用于输入或返回文件或目录的地址。路径控件与字符串控件的工作原理类似，但 LabVIEW 会根据用户使用操作平台的标准句法将路径按一定格式处理。

不同的数据类型在 LabVIEW 中用不同的线型和颜色表示，如图 3-1 所示。

	标量	一维数组	二维数组	
整形数				蓝色
浮点数				橙色
逻辑量				绿色
字符串				粉色
文件路径				青色

图 3 - 1　不同数据类型的线型和颜色

3.2　数组

　　LabVIEW 提供了功能丰富的数组函数供用户在编程时调用。LabVIEW 中的数组是数值型、布尔型、字符串型等多种数据类型中的同类数据集合。在对一组类似数据进行操作并重复计算时，可以考虑使用数组。数组对于用来存储从波形收集的或在循环（每次循环生成数组中的一个元素）中生成的数据是比较理想的。一个数组可以是一维或者多维的，如果必要，每维最多可有 $2^{31}-1$ 个元素。可以通过数组索引访问其中的每个元素，索引的范围是 $0 \sim n-1$。

　　（1）数组的组成

　　数组由索引、数据和数据类型构成。其中数据类型隐含在数据中。

　　（2）数组的创建

　　一般说来，创建一个数组有两件事要做，首先要建一个数组的"壳"（Shell），然后在这个壳中置入数组元素（数或字符串等）。

　　一维数组的创建过程如下：

　　1）从前面板的控件选板中选择一种显示风格，如选择"新式"→"数组、矩阵与簇"→"数组"，放入程序前面板，如图 3 - 2 所示。

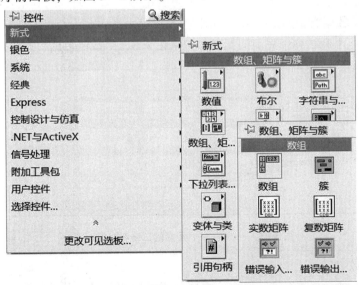

图 3 - 2　前面板数组控件选择

2）然后选择一个数值/字符串显示控件或数值/字符串输入控件插入到数组框中，这样就创建了一个数组，如图 3-3 所示。拖动数组的外边框可以添加更多的数组元素。

图 3-3　创建数值数组

前面的例子是一维数组。对于二维数组，需要一个列索引和一个行索引来定位数组中的某一个元素，并且，这两个索引都是从零开始的。如需在前面板上添加一个多维数组控件，则右键单击索引框，从快捷菜单中选择添加维度。也可以改变索引显示框的大小，直至出现所需维数。

（3）初始化数组

数组可以进行初始化，或者不初始化。数组初始化时，需要定义每个维度的元素个数和每个元素的内容。一个未初始化的数组包含固定的维数，但不包含任何元素。图 3-4 显示了一个未初始化的二维数组输入控件。注意，元素都是灰色的，这表示数组未初始化。

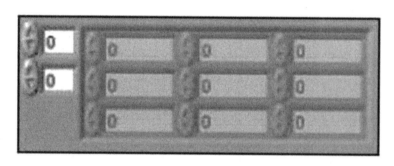

图 3-4　未初始化的二维数组输入控件

在一个二维数组中，在一列中的某个元素初始化后，那一列中的其余元素都将自动初始化，并被赋予相应数据类型的默认值。如图 3-5 所示，在以 0 为起点的数组的第三行第三列中输入了 4。第 0、1 和 2 列中先前的元素都初始化为 0，即数值数据类型的默认值。

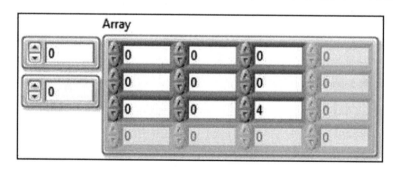

图 3-5　一个有 6 个元素的二维初始化数组

（4）数组函数

数组函数用于对一个数组进行操作，主要包括求数组的长度、替换数组中的元素、取出数组中的元素、对数组排序或初始化数组等各种运算。LabVIEW 的数组选板中有丰富的数组函数可以实现对数组的各种操作，函数是以功能函数节点的形式来表现的。数组函数位于函数选板中"编程"子选板下的"数组"选板内，如图 3-6 所示。

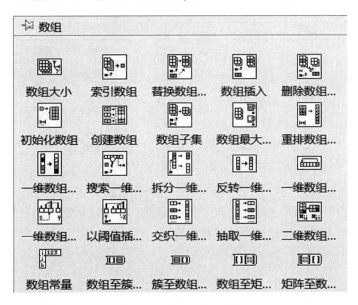

图 3-6　数组函数选板

3.3　簇

簇（Cluster）是另一种数据类型，它的元素可以是不同类型的数据，类似于 C 语言中的结构体。使用簇可以把分布在流程图中各个位置的数据元素组合起来，这样可以减少连线的拥挤程度，减少子 VI 的连接端子的数量（连接器最多可以有 28 个接线端。如果前面板上要传送给另一个 VI 的控件和显示件多于 28 个，应将其中的一些对象分组成为一个簇，然后将该簇分配到接线器上的一个接线端）。LabVIEW 错误簇是簇的一个例子，它包含一个布尔值、一个数值和一个字符串。

（1）簇元素的顺序

簇和数组元素都是有序的，必须使用解除捆绑函数一次取消捆绑所有元素，也可使用按名称解除捆绑函数。如使用按名称解除捆绑函数，则每个簇元素都必须带有标签。簇不同于数组的地方还在于簇的大小是固定的。与数组一样，一个簇里面要么全是控件要么全是显示件，即簇不能同时含有控件和显示件。

（2）创建簇

簇的创建方法与数组类似。前面板上添加一个簇外框，再将一个数据对象或元素拖到簇外框中，数据对象或元素可以是数值、布尔、字符串、路径、引用句柄、簇输入控件或簇显示控件。放置簇外框时，通过拖动光标可以改变簇的大小。图 3-7所示为一个包含三个控件的输入簇。

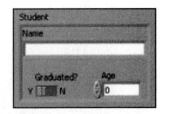

图 3-7　输入簇范例

（3）簇函数

使用簇函数创建簇并对其进行操作。比如，可以执行以下类似操作：从簇中提取单个数据元素；向簇添加单个数据元素；将簇分裂成单个数据元素。簇函数位于函数选板中"编程"子选板下的"簇、类与变体"选板内，如图 3-8 所示。

在程序框图中右键单击簇接线端，从快捷菜单中选择"簇、类和变体"选板，可以在程序框图上放置"捆绑""按名称捆绑""解除捆绑"和"按名称解除捆绑"函数。"捆绑"函数用于集合一个簇，"捆绑"和"按名称捆绑"函数用于修改一个簇，而"解除捆绑"和"按名称解除捆绑"函数用于分解一个簇。"捆绑"和"解除捆绑"函数自动包含正确的接线端数字。"按名称捆绑"和"按名称解除

图 3-8 簇函数

捆绑"函数随簇中的第一个元素同时出现。使用定位工具可以调整"按名称捆绑"和"按名称解除捆绑"函数的大小，显示簇中的其他元素。

3.4 错误簇

错误簇是 LabVIEW 中的一个特殊的数据类型。LabVIEW 中的错误处理遵循数据流模式，错误信息像数据值一样流经 VI。可将 VI 中的错误信息从头到尾连接起来，然后在结尾连接一个错误处理 VI（如简易错误处理器），来确定 VI 运行中是否产生了错误。VI 中的错误通过错误输入和错误输出簇来传递。

VI 运行时，LabVIEW 在每个执行节点均进行错误检查。如没有检查到任何错误，则该节点正常执行；如检查到错误，LabVIEW 将错误信息传递到下一个节点，同时停止执行错误节点的代码。之后的节点均依此处理，直到数据流结束，LabVIEW 报告该错误。

要创建子 VI 的错误输入和错误输出，需使用错误簇输入控件和显示控件。可以在 LabVIEW 的控件选板找到表示错误簇数据类型的错误输入（Error In）以及错误输出（Error Out）两个错误簇控件，如图 3-9 所示。

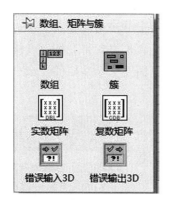

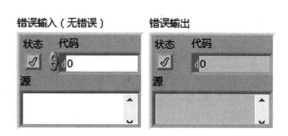

图 3-9 错误簇控件选板和错误簇输入/输出控件

错误输入簇和错误输出簇包含下列信息组件：

1）状态。一个布尔值，发生错误时报告 TRUE。

2）错误码。一个 32 位带符号整数，报告错误的数字代码。如错误代码非 0，且状态为 FALSE，则表示是一个警告而非错误。

3）源。一个字符串，报告错误发生的位置。

将错误簇连接到 While 循环或 For 循环的条件接线端可以停止循环。如将错误簇连接到条件接线端，则只有错误簇"状态"参数的 TRUE/FALSE 值会传递到接线端。一旦有错误发生，循环即停止执行。对于具有条件接线端的 For 循环，还必须连接一个数值至总数接线端，或者对输入数组启用自动索引，以确定循环的最大次数。如发生错误，或完成了设置的循环次数后，For 循环即停止运行。

将错误簇连接到循环条件接线端上时，快捷菜单项"真（T）时停止"和"真（T）时继续"变为"错误时停止"和"错误时继续"。

3.5 实训练习

 【练习 3-1】 字符串显示

目的：建立一个简单的 VI，包括一个字符串输入控件、一个字符串输出控件和一个按钮，当按下按钮时，将输入的字符串显示到字符串显示控件中。

具体步骤如下：

1）在 LabVIEW 中，选择"文件"→"新建 VI"，打开一个新的前面板窗口。

2）从"控件选板"→"银色"→"字符串与路径"中选择"字符串输入控件"，放到前面板中。

3）双击标签文本框，将其内容改为"输入字符串"，然后在前面板中的其他任何位置单击一下。

4）从"控件选板"→"银色"→"字符串与路径"中选择"字符串显示控件"，放到前面板中。

5）双击标签文本框，将其内容改为"输出字符串"，然后在前面板中的其他任何位置单击。

6）从"控件选板"→"银色"→"布尔"→"按钮"中选择"复制按钮"，放到前面板中。

7）选中"复制按钮"，单击右键，在快捷菜单中选择"显示项"，勾去"标签"，即在前面板中不显示标签。

8）从"控件选板"→"银色"→"布尔"中选择"停止按钮"，放到前面板中。

9）选中"停止按钮"，单击右键，在快捷菜单中选择"显示项"，勾去"标签"，即在前面板中不显示标签。

前面板如图 3-10 所示。

10）切换到程序框图。选择"窗口"→"显示程序框图"，打开流程图窗口。

11）从函数选板中选择"编程"→"结构"→"条件结构和 While 循环"，将它们放到程序框图上。用工具选板中的连线工具 ![连线工具图标] 将各对象按图 3-11 所示连接。

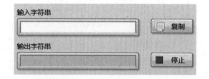

图 3-10 前面板

12）选择“文件”→“保存”，把该 VI 保存为“Hello. vi”。

13）在前面板中，单击运行（Run）按钮☑，运行该 VI。如在输入字符串控件中输入“Hello LabVIEW！”，单击“复制按钮”，观察运行情况。

14）选择“文件”→“关闭”，关闭该 VI。

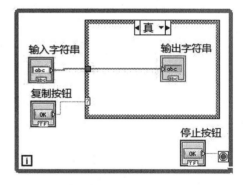

图 3 - 11   程序框图

✔ 【练习 3 - 2】组合字符串

目的：使用一些字符串功能函数将一个数值转换成字符串，并把该字符串和其他一些字符串连接起来组成一个新的输出字符串。

1）选择“文件”→“新建 VI”，打开一个新的前面板。

①添加字符串输入控件（“控件选板”→“新式”→“字符串与路径”），将标签改为“Header”。

②添加数值输入控件（“控件选板”→“新式”→“数值”）。

③添加字符串输入控件（“控件选板”→“新式”→“字符串与路径”），将标签改为“Trailer”。

④添加字符串显示控件（“控件选板”→“新式”→“字符串与路径”），将标签改为“输出字符串”。

⑤添加数值显示控件（“控件选板”→“新式”→“数值”），将标签改为“输出串长度”。

前面板如图 3 - 12 所示。

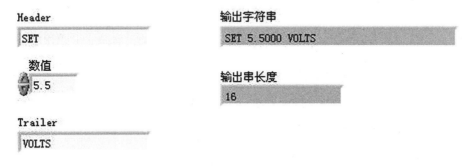

图 3 - 12   前面板

2）按 < Ctrl + E > 组合键切换到该 VI 的程序框图。

①添加“格式化写入字符串”函数（“函数选板”→“编程”→“字符串”）。在本练习中，该函数用于对数值和字符串进行格式化，使它们成为一个输出字符串。使用工具选板的 ↖ 变形工具可以添加三个加和输入。

单击右键，在快捷菜单中选择“编辑格式字符串”，可分别对个输入的各部分格式做设定。按照图 3 - 13 所示设置对应的格式字符串。

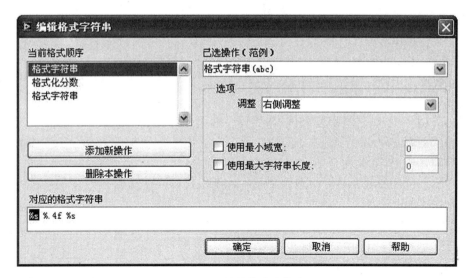

图 3 – 13　编辑格式字符串

②添加"字符串长度"函数（"函数选板"→"编程"→"字符串"）。在本练习中，该函数用于返回一个字符串的字节数。

③按照图 3 – 14 所示完成程序框图。

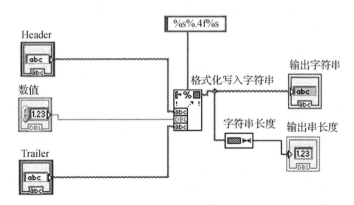

图 3 – 14　程序框图

其中的两个字符串控制对象和数值控制对象可以合并成一个输出字符串并显示在字符串显示器中。数值显示器显示出字符串的长度。

3）返回前面板，按照图 5 – 4 输入数值并运行 VI。

4）将该 VI 保存为"3 – 2. vi"。

【练习 3 – 3】字符串子集和数值的提取

目的：创建一个字符串的子集，其中含有某个数值的字符串显示，再将它转换成数值。

1）选择"文件"→"新建 VI"，打开一个新的前面板。

①添加字符串输入控件（"控件选板"→"新式"→"字符串与路径"），将标签改为"输入字符串"。

②添加数值输入控件（"控件选板"→"新式"→"数值"），将标签改为"子集偏移量"。

③添加数值输入控件（"控件选板"→"新式"→"数值"），将标签改为"子集长度"。

④添加数值输入控件（“控件选板”→“新式”→“数值”），将标签改为“数字偏移量”。

⑤添加字符串显示控件（“控件选板”→“新式”→“字符串与路径”），将标签改为“字符串子集”。

⑥添加数字显示控件（“控件选板”→“新式”→“数值”），将标签改为“数字”。

前面板如图 3-15 所示。

2）按 <Ctrl + E> 组合键切换到该 VI 的程序框图。

①添加“截取字符串”函数（“函数选板”→“编程”→“字符串”）。在本练习中，该函数用于返回从偏移位置开始，包含长度个字符的输入字符串的子字符串，第一个偏移地址是 0。

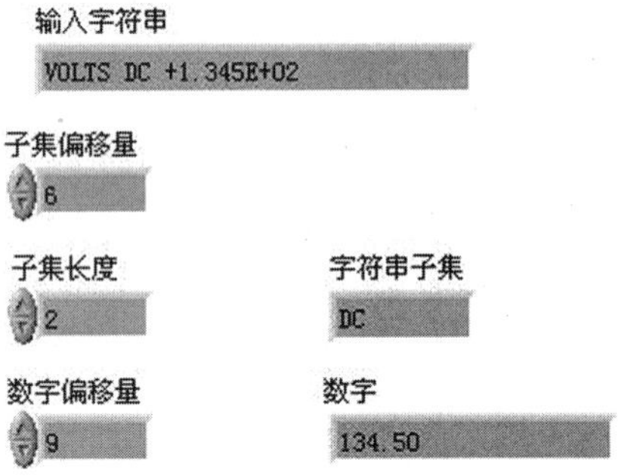

图 3-15　前面板

②添加“扫描字符串”函数（“函数选板”→“编程”→“字符串”），很多情况下，必须把字符串转换成数值，如需要将从仪器中得到的数据字符串转换成数值。在本练习中，该函数用于扫描字符串，并将有效的数值（0 到 9、正、负、e、E 和分号）转换成数值。如果连接了一个格式字符串，它将根据字符串指定的格式进行转换，否则将进行默认格式的转换。该函数从偏移地址处开始扫描，第一个字符的偏移地址是 0。该函数在已知头长度（本例中是 VOLTS DC）时或者字符串只含有有效字符时很有用。

③按照图 3-16 所示完成程序框图。

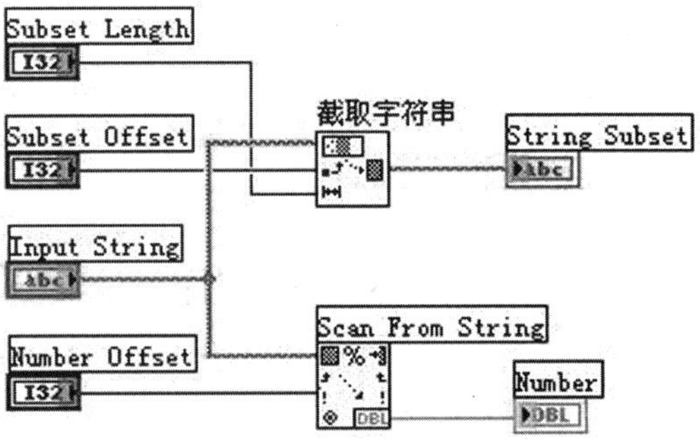

图 3-16　程序框图

3）返回前面板，按照图 3-14 输入数值并运行 VI。

4）将该 VI 保存为“3-3. vi”。

【练习 3-4】使用 For 循环自动索引数组

目的：用 For 循环自动索引功能将一组数组中的元素乘以 2 并显示输出。

1）选择“文件”→“新建 VI”，打开一个新的前面板。

①添加数组控件（“控件选板”→“新式”→“数组、矩阵与簇”→“数组”），设置它的标签为“输入数组”。

②添加数值输入控件（“控件选板”→“新式”→“数值”→“数值输入控件”），使用工具选板的将数值显示控件拖入输入数组中。

③使用工具选板的调整输入数组控件大小，使其能够输入 6 个元素。

④添加数组控件（“控件选板”→“新式”→“数组、矩阵与簇”→“数组”），设置它的标签为“输出数组”。

⑤添加数值显示控件（“控件选板”→“新式”→“数值”→“数值显示控件”），使用工具选板的将数值显示控件拖入输入数组中。

⑥使用工具选板的调整输出数组控件大小，使其能够显示 6 个元素。

前面板如图 3-17 所示。

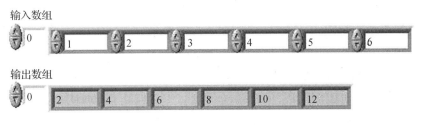

输入数组

输出数组

图 3 - 17　前面板

2）按 < Ctrl + E > 组合键切换到该 VI 的程序框图。

①在程序图中放置一个 For 循环（"函数选板"→"编程"→"结构"）。

②添加乘法函数（"函数选板"→"编程"→"数值"）。右键单击乘法函数下方的输入端子，在快捷菜单中选择"创建常量"，出现一个数值常数，并自动与功能函数连接。将数值常量值设置为 2。

按照图 3 - 18 所示连接各个端子。

3）运行该 VI。

4）将该 VI 保存为"3 - 4. vi"。

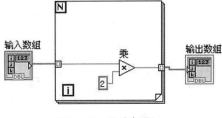

图 3 - 18　程序框图

【附注 1】设置数值范围

For 循环和 While 循环可以自动地在数组的上下限范围内编索引和进行累计，这些功能称为自动索引。在启动自动索引功能以后，当把某个外部节点的任何一维元素连接到循环边框的某个输入通道时，该数组的各个元素就将按顺序一个一个地输入到循环中。循环会对一维数组中的标量元素，或者二维数组中的一维数组等编制索引。在输出通道也要执行同样的工作，即数组元素按顺序进入一维数组，一维数组进入二维数组，依此类推。

在默认情况下，对于每个连接到 For 循环的数组都会执行自动索引功能。可以禁止这个功能的执行，方法是右键单击通道（输入数组进入循环的位置），在快捷菜单中选择"禁用自动索引"。

【练习 3 - 5】使用循环和条件结构求数组最大值

目的：创建一个 VI 求数组最大值和对应索引。

1）选择"文件"→"新建 VI"，打开一个新的前面板。

①添加数组控件（"控件选板"→"新式"→"数组、矩阵与簇"→"数组"）。

②添加数值输入控件（"控件选板"→"新式"→"数值"→"数值输入控件"），使用工具选板的 ▶ 将数值显示控件拖入输入数组中。

③使用工具选板的 ▶ 调整输入数组控件大小，使其能够输入 10 个元素。

④添加数值显示控件（"控件选板"→"新式"→"数值"→"数值显示控件"），放在前面板，将其标签改为"最大值"。右键单击该数值显示控件，在快捷菜单中选择"表示法"并设置为 I32，即长整型。

⑤添加数值显示控件（"控件选板"→"新式"→"数值"→"数值显示控件"），放在前面板，将其标签改为"最大值索引"。右键单击该数值显示控件，在快捷菜单中选择"表示法"并设置为 I32，即长整型。

前面板如图 3 - 19 所示。

49

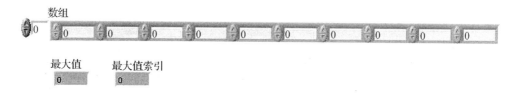

图 3 – 19　前面板

2）按 < Ctrl + E > 组合键切换到该 VI 的程序框图。

①添加索引数组函数（"函数选板"→"编程"→"数组"→"索引数组"）。单击该控件，按 < Ctrl + H > 组合键可以查看关于索引数组函数的说明。

②在程序图中放置一个 For 循环结构（"函数选板"→"编程"→"结构"）。

③在 For 循环中放置一个条件结构（"函数选板"→"编程"→"结构"）。在 For 循环的边框处单击右键，在快捷菜单中选择"添加移位寄存器"。

④添加"大于比较"函数（"函数选板"→"编程"→"比较"），当上面的 X 输入端子大于下面的 Y 输入端子输入的值时，返回 TRUE，否则返回 FALSE。

按照图 3 – 20 所示连接各个端子。

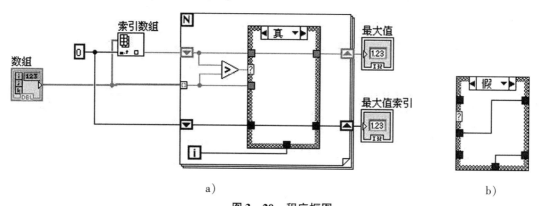

a)　　　　　　　　　　　　　　　　　　　　　　b)

图 3 – 20　程序框图

a）真分支程序框图　b）假分支程序框图

3）返回前面板，修改数组中各个元素的数值，运行该 VI。

4）保存该 VI 为"3 – 5. vi"。

✔ 【练习 3 – 6】使用创建数组功能函数

目的：使用创建数组函数，把一些元素和输出组织成一个更大的数组。

1）选择"文件"→"新建 VI"，打开一个新的前面板。

①添加两个数组控件（"控件选板"→"新式"→"数组、矩阵与簇"→"数组"），分别设置它们的标签为"数组 1""数值 2"。

②添加数值输入控件（"控件选板"→"新式"→"数值"→"数值输入控件"），使用工具选板的 ￼ 将数值显示控件拖入"数组 1"和"数组 2"中。

③添加 3 个数值输入控件（"控件选板"→"新式"→"数值"→"数值输入控件"），分别设置它们的标签为"数值 1""数值 2""数值 3"。

④在"数组 1""数值 1""数值 2""数组 2""数值 3"中输入数值 1 到 9。

前面板如图 3 – 21 所示。

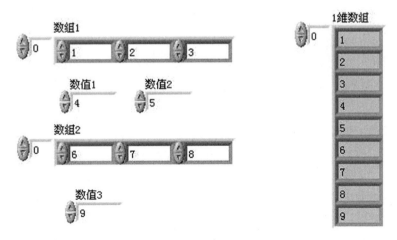

图 3-21 前面板

2）按 < Ctrl + E > 组合键切换到该 VI 的程序框图。按照图 3-22 所示完成程序框图。

3）返回前面板并运行 VI。在数组中输入不同的值观察输出。

4）将该 VI 保存为"3-6. vi"。

✔ 【练习3-7】对输入数组使用自动索引功能

目的：在一个 For 循环中使用自动索引功能处理一个数组，分别将数组中的正负数分开存放在正负数组中。

1）选择"文件"→"新建 VI"，打开一个新的前面板。

①添加数组控件（"控件选板"→"新式"→"数组"），将数组的标签改为"输入数组"。

②添加数值输入控件（"控件选板"→"新式"→"数值"→"数值输入控件"），使用工具选板的 ![] 将数值显示控件拖入"输入数组"中。

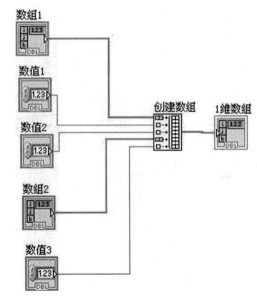

图 3-22 程序框图

③添加数组控件（"控件选板"→"新式"→"数组"），将数组的标签改为"正数组"。

④添加数值显示控件（"控件选板"→"新式"→"数值"→"数值显示控件"），使用工具选板的 ![] 将数值显示控件拖入"正数组"中。

⑤添加数组控件（"控件选板"→"新式"→"数组"），将数组的标签改为"负数组"。

⑥添加数值显示控件（"控件选板"→"新式"→"数值"→"数值显示控件"），使用工具选板的 ![] 将数值显示控件拖入"负数组"中。

前面板如图 3-23 所示。

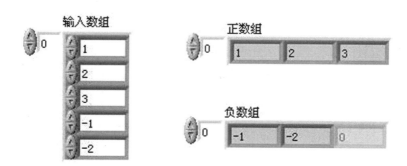

图 3 - 23　前面板

2）按 < Ctrl + E > 组合键切换到该 VI 的程序框图。

①在程序图中放置一个 For 循环（"函数选板"→"编程"→"结构"）。

②添加初始化数组函数（"函数选板"→"编程"→"数组"）。

③在 For 循环中添加条件结构（"函数选板"→"编程"→"结构"）。

④在条件结构的 TRUE，FALSE 分支中添加创建数组函数（"函数选板"→"编程"→"数组"）。

⑤在 For 循环中添加"小于等于 0?"函数（"函数选板"→"编程"→"比较"）。

按照图 3 - 24 所示连接各个端子。

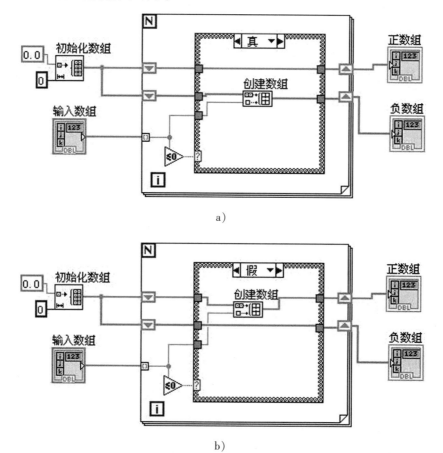

a)

b)

图 3 - 24　程序框图

a) 真分支程序框图　b) 假分支程序框图

3）执行该 VI。在输入的 5 个数中，可以看到 3 个属于正数数组，另外 2 个属于负数数组。

4）将该 VI 保存为 "3 - 7. vi"。

5）从程序框图中将一个值为 3 的常数对象连接到 For 循环的计数器端子。执行该 VI，可以看到尽管输入数组仍然有 5 个元素，但是 3 个位于正数数组，另外负数数组没有元素。这说明，如果设置了 N 并开启了自动索引功能，那么实际循环的次数将取较小的数。

6）关闭该 VI，不要保存任何修改。

 【附注 2】输入数组自动索引

输入数组引出的连线与 For 循环外的粗线不同，表示这是一个数组，而循环内部的细线则表示这是一个数组元素。数组元素在每个循环期间将自动编号。

用自动索引功能设置 For 循环的计数器（注意，计数器端子还没有连线）：当对某个进入 For 循环的数组使用自动索引功能时，循环就将根据数组的大小执行相应的次数，这样就无须连接某个值到计数器的端口。如果对一个以上的数组使用自动索引功能，或者在使用自动索引功能之外还需要设置计数器时，实际的循环次数将是其中最小的数。

 【附注 3】练习 3 - 7 的算法说明

表 3 - 1 是一段伪代码，解释练习 3 - 7 的算法。假定输入数组为 A（已赋值）、B（正数）、C（负数），Sbr、Scr 分别是与 B 数组、C 数组对应的右寄存器数组，Sbl、Scl 分别是与 B 数组、C 数组对应的左寄存器数组，size 运算为测数组实际大小，ins 运算为将一个数插入数组中最左边的空位。

表 3 - 1　练习 3 - 7 算法伪代码

B = 0	初始化
C = 0	
k = size(A(.))	测 A 数组大小
For i = 0 to k - 1	
p = A(i)	取第 i 个元素值
ifp > = 0 then	
Ins p, Sbr	将 p 值插入右寄存器
Else	
Ins p, Scr	
end if	
Sbl = Sbr	右寄存器值送给左寄存器
Scl = Scr	
Next i	
B = Sbr	右寄存器值送到正数组
C = Scr	
Print B	显示
Print C	
End	

【附注4】 多态化（Polymorphism）

多态化是指一种函数功能，即可以协调不同格式、维数或者显示的输入数据。大多数 LabVIEW 的函数都是多态化的。例如，图 3-25 给出了 Add 函数的一些多态化组合。

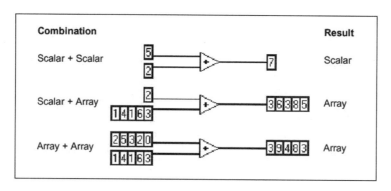

图 3-25 多态化组合的例子

第一个组合中，两个标量相加，结果还是一个标量。第二个组合中，该标量与数组中的每个元素相加，结果是一个数组（数组是数据的集合）。第三个组合中，一个数组的每个元素被加到另一个数组的对应元素中。此外，还可以使用其他的组合，如数值簇或者簇数组。

可以把这些准则应用到其他的图形化编程语言函数或者数据类型。图形化编程语言函数对于各种情况都具有多态性功能，有些函数接受数值和布尔输入，而有些函数接受其他任何数据格式的组合。

【练习3-8】 簇的创建和捆绑

目的：学习创建簇、分解簇，再捆绑簇并且在另一个簇中显示其内容。

1）选择"文件"→"新建 VI"，打开一个新的前面板。

①添加簇控件（"控件选板"→"经典"→"数组、矩阵与簇"→"簇"），将标签改为"输入簇"。

②在这个簇框架中放置一个数字输入控件、两个垂直布尔开关和一个字符串输入控件。

③添加簇控件（"控件选板"→"经典"→"数组、矩阵与簇"→"簇"），将标签改为"输出簇"。

④在这个簇框架中放置一个数字显示控件、两个布尔开关和一个字符串显示控件。

⑤添加停止按钮控件（"控件选板"→"经典"→"经典布尔"→"矩形停止按钮"）。

前面板如图 3-26 所示。

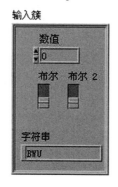

图 3-26 前面板

2）按 < Ctrl + E > 组合键切换到该 VI 的程序框图。

①添加 While 循环函数（"函数选板"→"编程"→"结构"）。

②添加解除捆绑函数（"函数选板"→"编程"→"簇、类与变体"→"解除捆绑"）。

③添加捆绑函数（"函数选板"→"编程"→"簇、类与变体"→"捆绑"）。

按照图 3 - 27 完成程序框图。

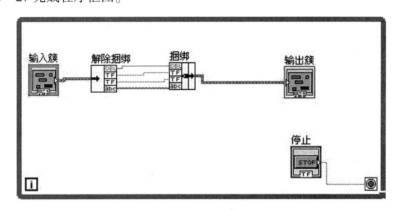

图 3 - 27 程序框图

3）返回前面板并运行 VI，在数组中输入不同的值观察输出。

4）将该 VI 保存为 "3 - 8. vi"。

 【附注 5】簇的创建

在前面板上放置一个簇框架就创建了一个簇，然后可以将前面板上的任何对象放在簇中，如数组，也可以直接从控件选板上直接拖取对象堆放到簇中。一个簇中的对象必须全部是输入控件，或全是显示控件，不能在同一个簇中组合输入控件与显示控件，因为簇本身的属性必须是其中之一。注意，一个簇将是输入簇或显示簇，取决于其内的第一个对象的状态。如果需要可以使用工具重置簇的大小，也可以在程序框图上用类似的方法创建簇常数。

如果要求簇严格地符合簇内对象的大小，可在簇的边界上单击右键，在弹出的快速菜单中选择自动调整大小。

 【附注 6】簇的捆绑与解除捆绑

（1）捆绑（Bundle）簇 ▭━▶

捆绑功能将分散的组件集合为一个新的簇，或允许重置一个已有的簇中的元素。可以用位置工具拖曳其图标的下方以增加输入端子的个数。最终簇的序是取决于被捆绑的输入组件的顺序。图 3 - 28a 中 Bundle 图标中部的 Claster 端子用于用新元素重置原簇中的元素。

（2）解除捆绑（Unbundle）簇 ▶━▭

解除捆绑功能是捆绑的逆过程，它将一个簇分解为若干分离的组件，如图 3 - 28b 所示。如果要对一个簇分解，就必须知道它的元素的个数。LabVIEW 还提供一种可以根据元素的名字来捆绑或分解簇的方法。

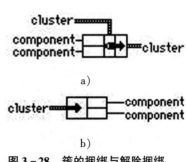

图 3 - 28 簇的捆绑与解除捆绑
a）捆绑簇 b）解除捆绑簇

【习题 3-1】用名称捆绑与分解簇

有时并不需要捆绑或分解整个簇，而仅仅需要对其中一、两个元素操作。这时可以用名称来捆绑与分解簇。在函数选板的簇函数选板中除了捆绑及解除捆绑功能外，还提供有按名称捆绑（Bundle By Name）和按名称解除捆绑（Unbundle By Name）功能。它们允许根据元素的名称（而不是其位置）来查询元素。与捆绑不同，使用按名称解除捆绑可以访问需要的元素，但不能创建新簇；它只能重置一个已经存在的簇的元素，同时必须给按名称解除捆绑图标中间的输入端子一个输入以申明要替换其元素的簇。按名称解除捆绑可返回指定名称的簇元素，不必考虑簇的序和大小。例如，如果想重置练习 3-5 中布尔 2 的值，就可以使用按名称解除捆绑功能而不必担心簇的序和大小。与此类似如果要访问串的值，可以使用按名称解除捆绑功能。

请按照图 3-29 所示完成按名称操作簇的 VI，并保存为"xt3-1. vi"。

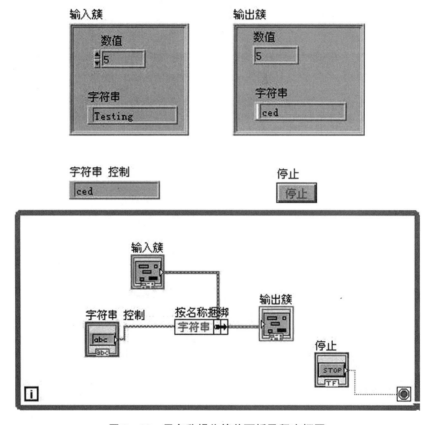

图 3-29　用名称操作簇前面板及程序框图

习题 3-1 中输入簇中有两个元素，一个是数值类型，另一个是字符串型。运行该程序，即可将簇内的字符串值重置。

注意本习题中为了使按名称捆绑的输入端由数值变为字符串，需单击按名称捆绑函数图标并选择字符串。

【习题 3-2】

如图 3-30 所示，数组长度为 10，设定循环次数为 100，编写程序并执行，最终执行_____次。将该 VI 保存为"xt3-2. vi"。

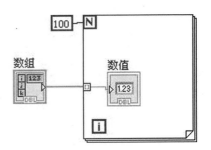

图 3 - 30 习题 3 - 2 程序框图

 【习题 3 - 3】

要求：生成含 10 个随机数的 1 维数组，将数组元素顺序颠倒，再将数组最后 5 个元素移到数组前端，形成一个新的数组并显示。保存为"xt3 - 3. vi"。

 【习题 3 - 4】

要求：创建一个簇控件，其元素分别为字符型控件"姓名"，数值型控件"学号"，布尔型控件"注册"。从该簇控件中提取出元素"注册"并显示在前面板上。保存为"xt3 - 4. vi"。

 【习题 3 - 5】利用簇模拟汽车控制

利用簇模拟汽车控制，前面板和程序框图如图 3 - 31 所示。控制面板可以对显示面板中的参量进行控制：1 档时，转速 = 油门 × 10，时速 = 油门 × 1；2 档时，转速 = 油门 × 20，时速 = 油门 × 1.5；3 档时，转速 = 油门 × 30，时速 = 油门 × 2；4 档时，转速 = 油门 × 40，时速 = 油门 × 2.5；5 档时，转速 = 油门 × 50，时速 = 油门 × 3。

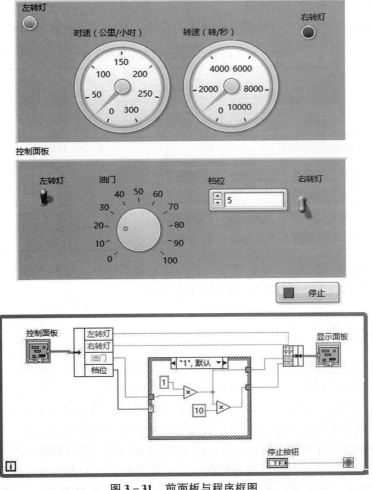

图 3 - 31 前面板与程序框图

第4章 图形控件与显示

4.1 概述

在 LabVIEW 的图形显示功能中图（Graph）和图表（Chart）是两个基本的概念。一般来说图表是将数据源（如采集得到的数据）在某一坐标系中实时、逐点地显示出来，它可以反映被测物理量的变化趋势，如显示一个实时变化的波形或曲线，传统的模拟示波器、波形记录仪就是这样。而图则是对已采集数据进行事后处理的结果。它先将被采集数据存放在一个数组之中，然后根据需要组织成所需的图形显示出来。它的缺点是没有实时显示，但是它的表现形式要丰富得多。例如，采集了一个波形后，经处理可以显示出其频谱图。现在，数字示波器也可以具备类似图的显示功能。

LabVIEW 的图形子选板中有许多可供选用的控件，其中常用的见表 4 - 1。

表 4 - 1 LabVIEW 图形选板中常用控件

	图　　表	图
Waveform（波形）	*	*
XY 图		*
Intensity（强度图）	*	*
Digital（数字图）		*
3D Surface（三维曲面）		*
3D Parametric（三维参变量）		*
3D Curve（三维曲线）		*

由表中可以看出，图表方式尽管能实时、直接地显示结果，但其表现形式有限，而图方式表现形式非常丰富，但这是以牺牲实时性为代价的。

4.2 波形数据类型

在数据采集和信号分析中经常要遇到波形数据，在 LabVIEW 中有波形（Waveform）数据类型，使得波形的描述更加简洁。如图 4 - 1 所示，波形数据类型包含了波形的数据（Y）、起始时刻（t0）和步长（dt），使用波形功能函数的创建波形函数可以建立一个波形。许多用于数据采集和波形分析的 VI 和函数的默认状态都接收或返回波形数据类型。当将一个波形数据类型连接到波形图或波形图表时，会自动画出相应的曲线。波形数据类型是根据原有的数据类型进一步"打包"组合而成，这种打包也不可避免地带来一些副作用，有时还需要对波形数据类型"解包"。有关这一数据类型的函数或 VI 在"函数选板"→"编程"→"波形"中。

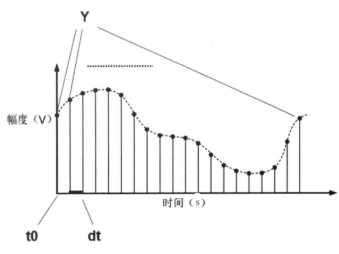

图 4-1　波形

4.3　实训练习

【练习 4-1】数组与图形显示

目的：使用 For 循环的自动索引功能创建数组，并用一个图形显示该数组。

1）选择"文件"→"新建 VI"，打开一个新的前面板。

①添加波形图控件（"控件选板"→"Express"→"波形图"），隐藏图标图例。

②添加数值数组控件（"控件选板"→"新式"→"数组"），设置数组的标签为"波形数组"。选择"控件选板"→"新式"→"数值"→"数值显示控件"，并将其拖入波形数组框内。

前面板如图 4-2 所示。

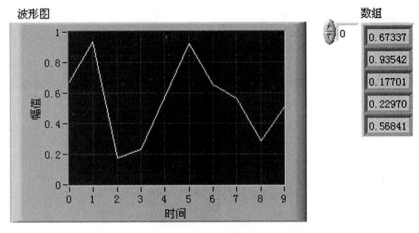

图 4-2　前面板

2）按 < Ctrl + E > 组合键切换到该 VI 的程序框图。

①在程序图中放置一个 For 循环（"函数选板"→"编程"→"结构"）。设置循环执行

次数 N 值为 10。

②在 For 循环中添加随机数（0~1）函数（"函数选板"→"编程"→"数值"），产生 0 到 1 之间的某个随机数。

③添加捆绑函数（"函数选板"→"编程"→"簇、类与变体"→"捆绑"），将图块中的各个组件组合成一个簇，在正确连接以前需要改变该函数的图标的大小。将移位工具放在图标的左下角，拖曳鼠标直到出现第三个输入端子。

④添加数值常数（"函数选板"→"编程"→"数值"）。三个数值常数用于设置 For 循环执行的周期数 N = 10，初始 X = 0 和 delta X = 1。

按照图 4 - 3 所示连接各个端子。

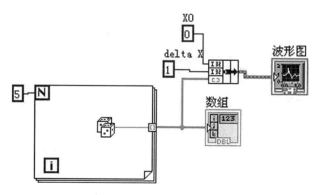

图 4 - 3   程序框图

3）执行该 VI。该 VI 将把自动索引后的波形图数组显示在波形图中。

4）把 X 的 delta 值改为 0.5，X 的初始值改为 20。再次执行该 VI。注意，波形图现在同样显示 100 个点，而每个点的初始值为 20，X 的 delta 值为 0.5（见 X 轴）。

5）将该 VI 保存为 "4 - 1 - 1. vi"。

6）将 "4 - 1 - 1. vi" 另存一个副本 "4 - 1 - 2. vi"。

7）打开 "4 - 1 - 2. vi"。在图 4 - 3 所示的程序框图中，为波形图指定了初始的 X 值和 delta X 值。默认的 X 初始值是 0，delta X 值是 1。也可以把波形数组直接连接到波形图端子，而无须指定初始的 X 值和 delta X 值，如图 4 - 4 所示。按图 4 - 3 删除捆绑函数和它所连接的常数对象，再按 < Ctrl + B >组合键删除断线。按照图 4 - 4 完成程序框图的连线。

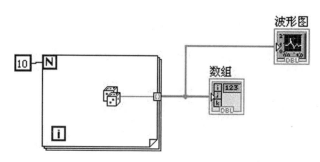

图 4 - 4   修改后的程序框图

8）执行 "4 - 1 - 2. vi"。注意观察初始的 X 值是 0，delta X 值是 1。保存该 VI 并关闭。

9）将 "4 - 1 - 2. vi" 另存一个副本 "4 - 1 - 3. vi"，用以创建含有多条曲线的图形，方法是创建一个数组，用它来汇集传给单图区图形的类型的数据元素。

①添加正弦波函数（"函数选板"→"信号处理"→"信号生成"→"正弦波"），在该函数图标的频率输入端子选择"创建"→"常量"，设置频率值为 0.01。

②按照图 4-5 所示连接各个端子。

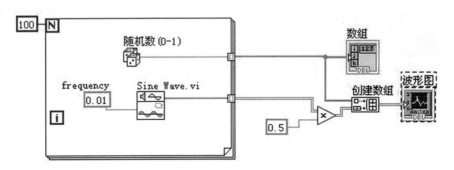

图 4-5　多图区图形的程序框图

10）返回前面板，执行该 VI。注意同一个波形中的两个图区。图 4-6 所示是该程序的运行结果（前面板未改动）。

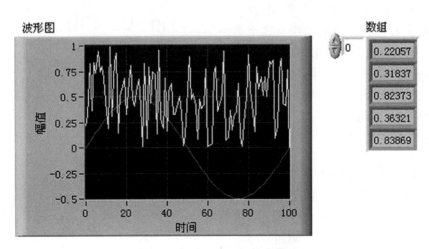

图 4-6　多图区图形的执行结果

11）保存该 VI 并关闭。

在上面这个例子中，由于计算端子连接了一个值为 100 的常数对象，所以 For 循环将执行 100 次。

【练习 4-2】　波形图表和波形图的比较

目的：创建一个 VI，用波形图表和波形图分别显示 40 个随机数产生的曲线，比较程序的差别。

前面板及程序框图如图 4-7、图 4-8 所示。

波形图表

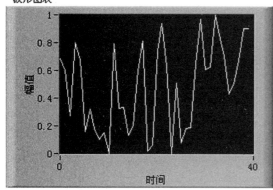

波形图

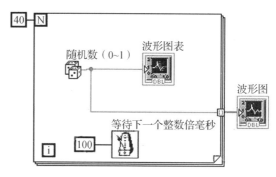

图 4 - 7　前面板

虽然显示的运行结果是一样的,但实现方法和过程不同。在流程图中可以看出,波形图表产生在循环内,每得到一个数据点,就立刻显示一个;而波形图在循环之外,40 个数都产生之后,跳出循环,然后一次显示出整个数据曲线。从运行过程可以清楚地看到这一点。

值得注意的还有 For 循环执行 40 次,产生的 40 个数据存储在一个数组中,这个数组创建于 For 循环的边界上(使用自动索引功能)。在 For 循环结束之后,该数组就将被传

图 4 - 8　程序框图

送给外面的波形图。仔细看流程图,穿过循环边界的连线在内、外两侧粗细不同,内侧表示浮点数,外侧表示数组。

保存该 VI 为 "4 - 2. vi"。

✔ 【练习 4 - 3】利用 XY 图构成利萨育图形

目的:利用 XY 图构成利萨育图形。

前面板及程序框图如图 4 - 9、图 4 - 10 所示。

 相位

XY图

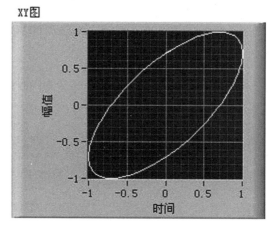

图 4 - 9　前面板

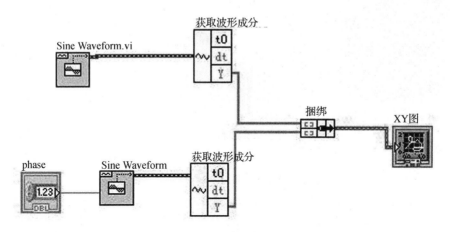

图 4 - 10　程序框图

前面板上除了一个 XY 图外，还有一个相位差输入控件。在框图中使用了两个“Sine Waveform. vi”（“函数选板”→“编程”→“波形”→“模拟波形”→“波形生成”），第一个所有输入参数（包括频率、幅值、相位等）都使用默认值，所以其初始相位为 0；第二个将其初始相位作为一个控件引到面板上。它们的输出是包括 t0、dt 和 Y 值的簇，但是对于 XY 图只需要其中的 Y 数组，因此使用波形函数中的获取波形成分函数（“函数选板”→“编程”→“波形”）分别提取出各自的 Y 数组，然后再将它们捆绑（“函数选板”→“编程”→“簇、类与变体”）在一起，连接到 XY 图就可以了。当相位为 45 度时，运行程序，得到如图 4 - 9 所示的椭圆。

保存该 VI 为“4 - 3. vi”。

【练习 4 - 4】强度图形控件（Intensity Graph）

强度图形控件提供了一种在二维平面上表现三维数据的方法。例如，可以用屏幕色彩的亮度来反映一个二维数组元素值的大小。练习 4 - 4 就是这样的一个例子。注意图 4 - 11 中的 X、Y 轴刻度对应的是数组行、列的序号。

1）选择“文件”→“新建 VI”，打开一个新的前面板。

①添加强度图控件（“控件选板”→“新式”→“图形”）。

②添加数组控件（“控件选板”→“新式”→“数组”）。

③选择“控件选板”→“新式”→“数值”→“数值输入控件”，并将其拖入数组框内。

④右键单击数组控件，在快捷菜单中选择“添加维度”，成为二维数组，调整数组框大小。

2）按 < Ctrl + E > 组合键切换到该 VI 的程序框图。

前面板及程序框图如图 4 - 11、图 4 - 12 所示。

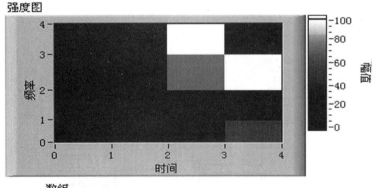

图 4 - 11　前面板

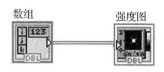

图 4 - 12　程序框图

3）在数组中输入数据（0 至 100），执行该 VI。

4）将该 VI 保存为 "4 - 4. vi"。

【练习 4 - 5】使用属性节点

目的：每 2 秒生成一个随机数送入波形图表，如果随机数大于 0.5 则打开布尔指示灯控件并闪烁，否则关闭闪烁。

1）选择 "文件" → "新建 VI"，打开一个新的前面板。

①添加波形图表控件（"控件选板" → "银色" → "图形"）。

②添加布尔控件（"控件选板" → "银色" → "布尔"）。

2）按 < Ctrl + E > 组合键切换到该 VI 的程序框图。

①右键单击波形图表控件，在弹出的快捷菜单中选择 "创建" → "属性节点" → "历史数据"。

②右键单击步骤①所创建的属性节点，在弹出的快捷菜单中选择 "全部转换为写入"，在写入端口单击右键，在快捷菜单中选择 "创建" → "常量"，即可直接创建常量数组作为属性节点历史数据属性的输入。

③右键单击布尔控件，在弹出的快捷菜单中选择 "创建" → "属性节点" → "闪烁"。

④右键单击步骤③所创建的属性节点，在弹出的快捷菜单中选择 "全部转换为写入"。

程序框图及前面板如图 4 - 13、图 4 - 14 所示。

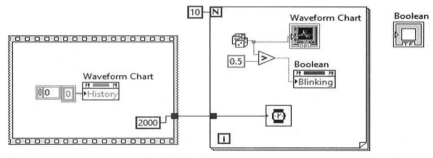

图 4 - 13　程序框图

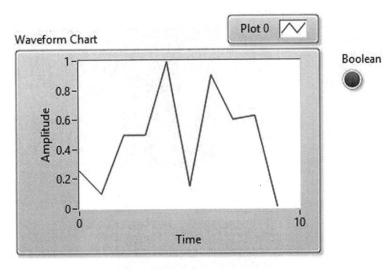

图 4 - 14　前面板

3）多次执行该 VI，观察波形图表的变化。

4）将该 VI 保存为"4 - 5. vi"。

✔ **【习题 4 - 1】波形发生函数的使用方法**

如图 4 - 15 所示 VI 的框图，改变正弦波产生函数的输入参数（频率、初相位、幅值等），注意"采样信息"参数。运行该 VI，调整频率、相位（可分别设置为 0、90、180）、幅值等观察波形变化。将该 VI 保存为"xt4 - 1. vi"。

提示：正弦波形函数的位置在函数选板的"编程"→"信号处理"→"波形生成"中。

正弦波形函数的信号输出端口可直接创建显示控件"signal out"。

按照图 4 - 15、图 4 - 16 完成前面板和程序框图，保存为"xt4 - 1. vi"。

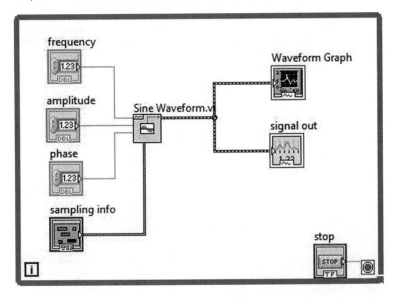

图 4 - 15　程序框图

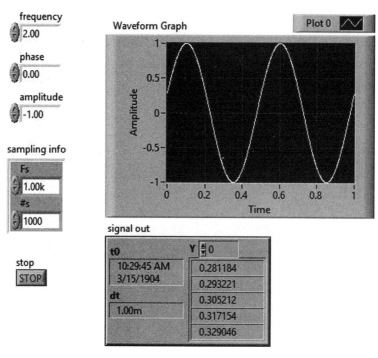

图 4 – 16   前面板

【习题 4 – 2】在一个波形图中，分别用红、绿、蓝颜色显示 3 条随机数组成的曲线，其取值范围分别为 0 ~ 1、1 ~ 5 和 5 ~ 10。保存为 "xt4 – 2. vi"。

【习题 4 – 3】用 For 循环构造一个 10 × 10 的随机数二维数组，并用强度图表显示出来，保存为 "xt4 – 3. vi"。

第5章 文件 I/O

5.1 几种主要的文件存储类型

LabVIEW 中可以用于存储和读取的主要文件类型如下：

（1）文本文件和表单文件

文本文件和表单文件将字符串以 ASCII 编码格式存储在文件中，如 .txt 文件和 Excel 文件。这两种文件类型最常见，可以在各种操作系统下由多种应用程序打开，如记事本、Word、Excel 等第三方软件，因此这两种文件类型的通用性最强。但是相对于其他类型文件，它们消耗的硬盘空间相对较大，读/写速度较慢，也不能随意地在指定位置写入或读出数据。如果需要将数据存储为文本文件，必须先将数据转换为字符串才能进行存储。

（2）二进制文件

二进制文件是一种最有效率的文件存储格式，它占用的硬盘空间最少而且读写速度最快。它将二进制数据，如 32 位整数以确定的空间 4 字节来存储，因此不会损失精度，而且可以随意地在文件指定位置读/写数据。二进制文件的数据输入可以是任何数据类型，如数组和簇等复杂数据，但是在读出时必须给定参考。

（3）基于文本的测量文件

基于文本的测量文件（.lvm 文件）将动态数据按一定的格式存储在文本文件中，它可以在数据前加上一些信息，如采集时间等，可以用 Excel 等文本编辑器打开查看其内容。

（4）高速数据流文件

高速数据流文件（.tdms 文件）将动态类型数据存储为二进制文件，同时可以为每一个信号添加一些有用的信息，如信号名称和单位等。在查询时可以通过这些附加信息来查询所需要的数据。它被用来在 NI 的各种软件之间交换数据，比 .lvm 文件占用空间更小，读/写速度更快，非常适合存储数量庞大的测试数据。

5.2 文件 I/O 函数

大多数的文件 I/O 操作都包括三个基本的步骤：打开一个已有的文件或者新建一个文件；对文件进行读写；关闭文件。LabVIEW 在"函数选板"→"编程"→"文件 I/O"中提供了很多有用的工具 VI，如图 5-1 所示。

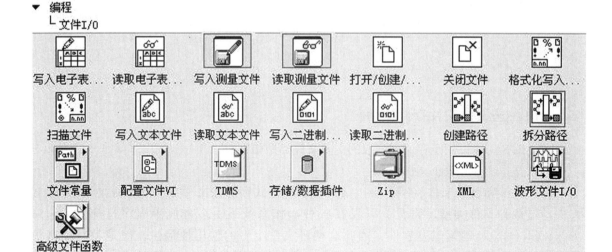

图 5-1   文件 I/O 函数

5.3   实训练习

 【附注 1】 文本文件读写的操作过程

依据数据流的运行机制,文本文件的读写大致分为以下几个步骤:

(1) 写文件

1) 确定写入文件的路径 (打开/创建/替换文件)。

2) 将字符串写入文件 (如果不是字符串,请将数据转换为字符串)。

3) 关闭文件。

(2) 读文件

1) 确定读出文件的路径 (打开文件)。

2) 从文件中读出字符串。

3) 关闭文件。

 【练习 5-1】 将数据写入文本文件

1) 选择 "文件" → "新建 VI",打开一个新的前面板。

①添加波形图表控件 ("控件选板" → "新式" → "图形"),将标签改为 "数据"。

②添加数值输入控件 ("控件选板" → "新式" → "数值"),将标签改为 "采集次数"。

前面板如图 5-2 所示。

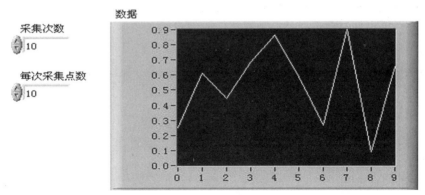

图 5-2 前面板

2）按 <Ctrl + E> 组合键切换到该 VI 的程序框图。

①添加 "文件对话框" 函数（"函数选板"→"编程"→"文件 I/O"→"高级文件函数"）。在本练习中，该函数用于提示用户输入文件名。

在文件对话框 "提示" 输入端子创建常量，提示消息设置为 "选择一个数据文件用于写入"。在 "默认名称" 输入端子创建常量，将文件默认名称设置为 TextFile. txt。

②添加 "打开/创建/替换文件" 函数（"函数选板"→"编程"→"文件 I/O"）。

在该函数的 "操作方式" 输入端子创建常量，选择 "open or create"。在 "权限" 输入端子创建常量，选择 "write - only"。

③添加 While 循环函数（"函数选板"→"编程"→"结构"）。

④在 While 循环中添加 "写入文本文件" 函数（"函数选板"→"编程"→"文件 I/O"）。

⑤在 While 循环中添加 "数组至电子表格字符串转换" 函数（"函数选板"→"编程"→"字符串"），设置 "格式字符串" 为 "%.2f"。

⑥在 While 循环中添加 "For 循环" 函数（"函数选板"→"编程"→"结构"）。

⑦在 While 循环中添加 "等待" 函数（"函数选板"→"编程"→"定时"），并在其输入端子创建常量，设置等待时间为 500ms。

⑧在 While 循环中添加 "按名称接触捆绑" 函数（"函数选板"→"编程"→"簇、类与变体"），并选择 "status"。

⑨添加 "关闭文件" 函数（"函数选板"→"编程"→"文件 I/O"）。

⑩添加 "简单错误处理" 函数（"函数选板"→"编程"→"对话框与用户界面"）。

按照图 5-3 所示完成程序框图。

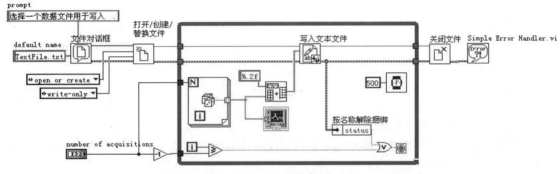

图 5-3 程序框图

3）选择采集次数和每次采集的点数，运行该 VI。

4）文件对话框出现时，选择替换现有文件或创建新文件（输入 "test. txt"）。

5）用记事本打开保存数据的文本文件，查看数据。

6）将该 VI 保存为 "5-1. vi"。

 【练习5-2】读取文本文件

1）选择 "文件" → "新建 VI"，打开一个新的前面板。

添加文本显示控件（ "控件选板" → "新式" → "字符串与路径" → "字符串显示控件"），将标签改为 "文本文件内容"。

前面板如图 5-4 所示。

2）按 <Ctrl + E> 组合键切换到该 VI 的程序框图。

①添加 "文件对话框" 函数（"函数选板" → "编程" → "文件 I/O" → "高级文件函数"），在本练习中，该函数用于提示用户输入文件名。

在文件对话框的 "提示" 输入端子创建常量，提示消息设置为 "选择一个数据文件用于读取"。

②添加 "打开/创建/替换文件" 函数（"函数选板" → "编程" → "文件 I/O"）。

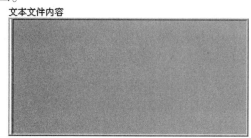

图 5-4　前面板

在该函数的 "操作方式" 输入端子创建常量，选择 "open"。在 "权限" 输入端子创建常量，选择 "read-only"。

③添加 "读取文本文件" 函数（"函数选板" → "编程" → "文件 I/O"）。

④添加 "关闭文件" 函数（"函数选板" → "编程" → "文件 I/O"）。

⑤添加 "简单错误处理" 函数（"函数选板" → "编程" → "对话框与用户界面"）。

按照图 5-5 所示完成程序框图。

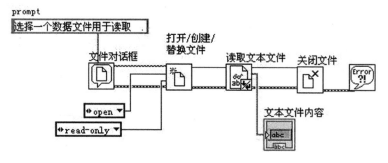

图 5-5　程序框图

3）运行该 VI。

4）文件对话框出现时，选择练习 5-1 所保存的文件。

5）将该 VI 保存为 "5-2. vi"。

 【附注2】读写电子表格文件

将数据存储到文件的最常见应用之一是设置文本文件的格式以便在电子表格文件中打开。大多数电子表格文件用 <Tab> 键分割各列，而用 EOL（段尾）分隔各行，如图 5-6 所示。用一个电子表格程序（如 Excel）打开该文件可以看到如图 5-7 所示的表格。

```
0.00 → 0.4258¶
1.00 → 0.3073¶        → = Tab
2.00 → 0.9453¶        ¶ = Line Separator
3.00 → 0.9640¶
4.00 → 0.9517¶
```

图 5-6　电子表格文件的分隔符

	A	B	C
1	0	0.4258	
2	1	0.3073	
3	2	0.9453	
4	3	0.964	
5	4	0.9517	
6			

图 5-7　电子表格文件示例

电子表格文件非常适合于一次性写入，而不适合于连续写入的操作。

【练习 5-3】将数据写入电子表格文件

1）选择"文件"→"新建 VI"。

2）按 < Ctrl + E > 组合键切换到该 VI 的程序框图。

①添加"文件对话框"函数（"函数选板"→"编程"→"文件 I/O"→"高级文件函数"）。在本练习中，该函数用于提示用户输入文件名。

在文件对话框的"提示"输入端子创建常量，提示消息设置为"选择要写入数据的文件"。在"默认名称"输入端子创建常量，设置为"SpreadSheet. xls"。

②添加"写入电子表格"函数（"函数选板"→"编程"→"文件 I/O"）。

按照图 5-8 所示完成程序框图。

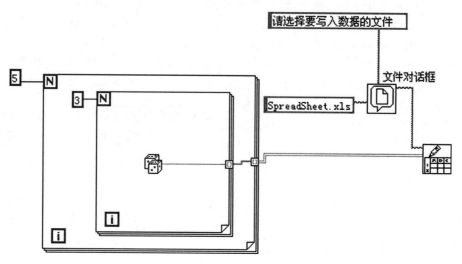

图 5-8　程序框图

3）运行该 VI。

4）文件对话框出现时，选择文件存储位置，可以使用默认文件名或输入"文件名. xls"，单击"确定"按钮。

5）打开所保存的. xls 文件，查看文件内容。

6）将该 VI 保存为"5-3. vi"。

【附注 3】添加新数据至电子表格文件

对同一个文件，如果想要将新数据添加至文件末尾，可将写入电子表格函数的"添加至文件？"设置为 T（True），每次执行产生的新数据将存储在文件的末尾。

 【练习5-4】 读取电子表格文件

1）选择"文件"→"新建 VI"，打开一个新的前面板。

添加波形图控件（"控件选板"→"新式"→"图形"），单击右键，在快捷菜单的"显示项"中勾去"图例"。

前面板如图5-9所示。

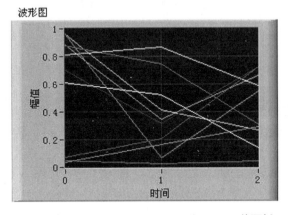

图5-9　前面板

2）按 < Ctrl + E > 组合键切换到该 VI 的程序框图。

①添加"文件对话框"函数（"函数选板"→"编程"→"文件 I/O"→"高级文件函数"）。在本练习中，该函数用于提示用户输入文件名。

在文件对话框的"提示"输入端子创建常量，提示消息设置为"请选择要读取的文件"。

②添加"读取电子表格文件"函数（"函数选板"→"编程"→"文件 I/O"）。

③在读取电子表格文件的"所有行"输出端子选择"创建"→"显示控件"，并将该显示控件的标签设置为"读取的数据"。

按照图5-10完成程序框图。

3）运行该 VI。

4）文件对话框出现时，选择练习5-3创建的文件。

5）将该 VI 保存为"5-4. vi"。

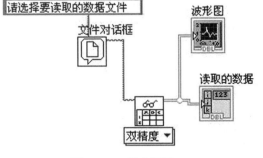

图5-10　程序框图

 【练习5-5】 波形存储为二进制文件形式

1）选择"文件"→"新建 VI"，打开一个新的前面板。

添加波形图控件（"控件选板"→"新式"→"图形"），单击右键，在快捷菜单的"显示项"中勾去"图例"。

2）按 < Ctrl + E > 组合键切换到该 VI 的程序框图。

①添加 For 循环（"编程"→"结构"），设置循环次数为常量。

②在 For 循环中添加"混合单频与噪声波形"函数（"信号处理"→"波形生成"）。在该函数的"混合单频""噪声""偏移量""采样信息""种子"输入端子分别创建输入控件。

③添加"文件对话框"函数("函数选板"→"编程"→"文件 I/O"→"高级文件函数")。在本练习中,该函数用于提示用户输入文件名。

在文件对话框的"提示"输入端子创建常量,提示消息设置为"保存为二进制文件"。

在文件对话框的"默认名称"输入端子创建常量,设置默认文件名称为"LabViewBinaryFile. dat"。

在文件对话框的"类型(所有文件)"输入端子创建常量,设置默认文件名称为"＊. dat"。

④添加"打开/创建/替换文件"函数("函数选板"→"编程"→"文件 I/O")。

⑤添加"写入二进制文件"函数("函数选板"→"编程"→"文件 I/O")。

⑥添加"关闭文件"函数("函数选板"→"编程"→"文件 I/O")。在"错误"输出端子选择"创建"→"显示控件"。

程序框图和前面板如图 5－11、图 5－12 所示。

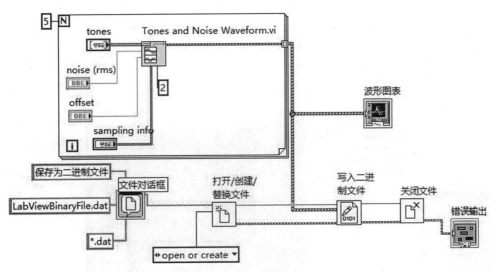

图 5－11　程序框图

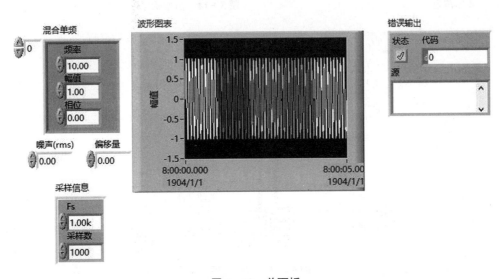

图 5－12　前面板

3)运行该 VI。

4）文件对话框出现时，选择文件存储位置，可以使用默认文件名或输入"文件名 . dat"，单击"确定"按钮。

5）将该 VI 保存为"5 - 5. vi"。

 【练习 5 - 6】读取二进制文件

1）选择"文件"→"新建 VI"，打开一个新的前面板。

添加波形图控件（"控件选板"→"新式"→"图形"），单击右键，在快捷菜单的"显示项"中勾去"图例"。

2）按 < Ctrl + E > 组合键切换到该 VI 的程序框图。

①添加"读取二进制文件"函数（"函数选板"→"编程"→"文件 I/O"）。在该函数的"文件（使用对话框）"输入端子选择创建输入控件。

②添加"关闭文件"函数（"函数选板"→"编程"→"文件 I/O"）。在"错误"输出端子选择"创建"→"显示控件"。

③打开练习 5 - 5，右键单击波形图表，选择"创建"→"常量"，将该常量剪切并粘贴到练习 5 - 6 程序框图中，如图 5 - 13 所示。

程序框图和前面板如图 5 - 14、图 5 - 15 所示。

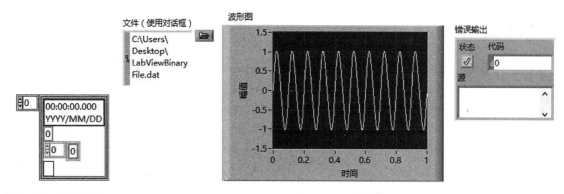

图 5 - 13　波形常量　　　　　　　　图 5 - 14　前面板

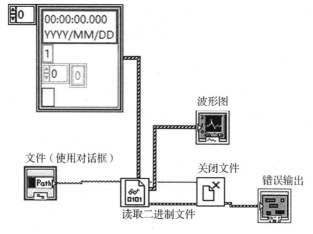

图 5 - 15　程序框图

3）选择练习 5 - 5 创建的文件，运行该 VI。

4）将该 VI 保存为 "5 - 6. vi"。

【附注 4】 基于文本的测量文件

基于文本的测量文件（. lvm）可用于保存写入测量文件 Express VI 生成的数据。该文件是用制表符分隔的文本文件，可在电子表格应用程序或文本编辑应用程序中打开。. lvm 文件不仅包括 Express VI 生成的数据，还包括该数据的头信息，如生成数据的日期和时间等。在. lvm 文件中，LabVIEW 保存高达 6 位精度的数据。

对. lvm 文件的读写如图 5 - 16 所示。

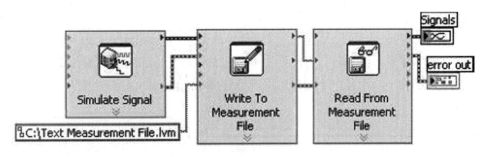

图 5 - 16　读写. lvm 文件

【附注 5】 高速数据流文件

高速数据流（TDMS）文件兼顾了高速、易存取和方便等多种优势，提供了一整套简单易用的 API。TDMS 文件格式在 LabVIEW、LabWindows/CVI、Signal Express 和 DIAdem 中均可以使用，也可以在 Excel 或 Matlab 中被调用。在 LabVIEW 中，TDMS 文件的操作函数在 "编程" → "文件 I/O" → "TDMS" 选板中，如图 5 - 17 所示。

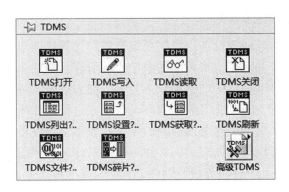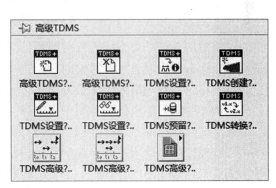

图 5 - 17　TDMS 文件的 API

当写完 TDMS 文件之后，LabVIEW 会自动生成两个文件 *. tdms 和 *. tdms_ index，前者为数据文件（或主文件），后者为索引文件（或头文件）。二者最大的区别在于索引文件不含原始数据信息，而只包含属性等信息，这样可以增加数据检索的速度并且利于搜索 TDMS 文件。该文件是自动生成的，不需要程序员干预。

TDMS 文件适合存储数量庞大的测试数据，一般结合数据采集应用，相关练习见第 7 章。

第6章 数据采集

6.1 数据采集概述

数据采集（Data Acquisition，DAQ）是指将被测对象的各种参量（物理量、化学量和生物量等）通过各种传感元件做适当转换后，再经过信号调理、采样、量化、编码、传输等步骤，最后送到控制器（计算机）进行数据处理或存储记录的过程。数据采集是计算机与外部世界联系的桥梁，具有十分重要的作用。

数据采集系统随着新型传感技术、微电子技术和计算机技术的发展而得到迅速发展。由于目前数据采集系统一般都使用计算机进行控制，因此数据采集系统又叫作计算机数据采集系统。一个完整的数据采集系统如图6-1所示。

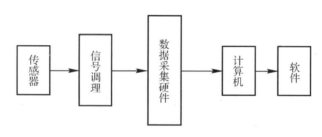

图6-1 完整的数据采集系统

一个完整的数据采集系统通常由原始信号、信号调理设备、数据采集设备和计算机四个部分组成。但有的时候，自然界中的原始物理信号并非是直接可测的电信号，所以，一般会通过传感器将这些物理信号转换为数据采集设备可以识别的电压或电流信号。加入信号调理设备是因为某些输入的电信号不便于直接进行测量，因此需要信号调理设备对它进行诸如放大、滤波、隔离等处理，使得数据采集设备更便于对该信号进行精确的测量。数据采集设备的作用是将模拟的电信号转换为数字信号传给计算机进行处理，或将计算机编辑好的数字信号转换为模拟信号输出。计算机上安装了驱动和应用软件，方便与硬件交互，完成采集任务，并对采集到的数据进行后续分析和处理。

6.2 数据采集的信号类型

数据采集前，必须对所采集信号的特性有所了解，因为不同信号的测量方式和对采集系统的要求是不同的，只有了解被测信号，才能选择合适的测量方式和采集系统。

任意一个信号都是随时间而改变的物理量。一般情况下，信号所运载信息是很广泛的，比如状态（State）、速率（Rate）、电平（Level）、形状（Shape）、频率成分（Frequency

Content）。

根据信号运载信息方式的不同，可以将信号分为模拟或数字信号：数字（二进制）信号又分为开关信号和脉冲信号；模拟信号可分为直流、时域、频域信号。

1. 数字信号

数字信号不能以时间为基准而赋予任何数值。数字信号只有两个可能值：高或低。数字信号通常会符合一个特定的规格，该规格定义了信号的特性。数字信号常被称为"晶体管至晶体管逻辑（Transistor-to-Transistor Logic，TTL）"。TTL 规格指出，当强度落在 0 ~ 0.8V 之间时，数字信号视为低；在 2 ~ 5V 之间则视为高。可以从数字信号中测量而得的有用信息包括状态（State）和速率（Rate），如图 6 - 2 所示。

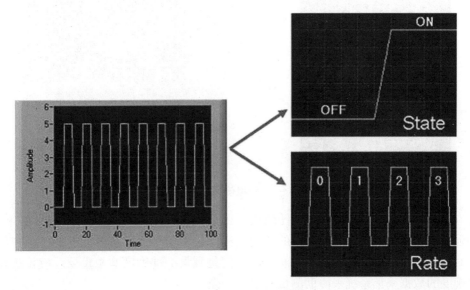

图 6 - 2 数字信号的主要特征

1）状态。数字信号不会以相对于时间的方式以数值呈现。数字信号的状态基本上就是信号的强度（有或无，高或低）。监视开关的状态（开或关）是常见的应用，说明了知道数字信号状态的重要性。

2）速率。数字信号的速率决定数字信号相对于时间改变状态的方式。测量数字信号速率的范例之一就是判断电动机转轴的转速。和频率不同，数字信号的速率是测量单位时间内某种特征信号出现的次数。数字信号的处理不需要复杂的软件算法来确定，也不需要使用软件运算法来判断信号的速率。

数字信号可以分为以下两类：

1）开/关信号。一个开/关信号运载的信息与信号的瞬间状态有关。TTL 信号就是一个开/关信号。

2）脉冲信号。这种信号包括一系列的状态转换，信息就包含在状态转化发生的数目、转换速率、一个转换间隔或多个转换间隔的时间里。安装在电动机轴上的光学编码器的输出就是脉冲信号。有些装置需要数字输入，如一个步进式电动机就需要一系列的数字脉冲作为输入来控制位置和速度。

2. 模拟信号

模拟信号可以是任何与时间对比的值。模拟信号的例子包括电压、温度、压力、声音以及负载。模拟信号的三项主要特性是幅值（Level）、形状（Shape）以及频率（Frequency），如图 6 – 3 所示。

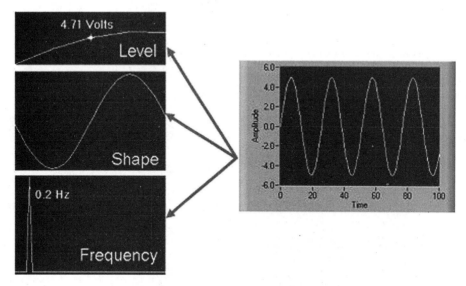

图 6 – 3　模拟信号的主要特征

1）幅值。由于模拟信号可以是任何值，因此强度提供关于所测模拟信号的重要信息。光线的强度、房间的温度以及舱室内的压力，都是说明信号强度重要性的例子。在测量信号的强度时，通常信号不会迅速随着时间变动，但是测量的准确度非常重要。应该选择可产生最大准确度的数据采集系统来协助测量模拟信号强度。

2）形状。有些信号是以其特殊形状来命名的，如正弦、方波、锯齿以及三角形等。模拟信号的形状可能和强度一样重要，因为测量模拟信号的形状可以进一步分析该信号，包括波峰值、DC 值以及坡度。形状占有相当重要性的信号通常会随着时间快速变动，但是系统的准确度仍然很重要。心跳、影像信号、声音、震动以及电路响应的分析，都是包括形状测量的一些应用。

3）频率。所有的模拟信号都可以用它们的频率来分类。和信号的形状或强度不同的是，频率不能直接进行测量。信号必须使用软件进行分析，才能判断其频率信息。这种分析通常使用一种称为傅里叶变形（Fourier Transform）的运算法来进行。

当频率是最重要的信息时，就必须同时考虑准确度和采集速度。虽然为了采集信号频率所需的采集速度低于取得信号形状所需的速度，但是信号仍然必须以足够的速度采集，才不至于在采集模拟信号时失去重要信息。确保获得此速度的条件称为采样定理（Sampling Theorem）。语音分析、电子通信以及地震分析，都是必须知道信号频率的应用范例。

模拟信号可以分为以下几种类型：

1）模拟直流信号。模拟直流信号是静止的或变化非常缓慢的模拟信号。直流信号最重要的信息是它在给定区间内运载信息的幅度。常见的直流信号有温度、流速、压力、应变等。采集系统在采集模拟直流信号时，需要有足够的精度以正确测量信号电平。由于直流信号变化缓慢，用软件计时就够了，不需要使用硬件计时。

2）模拟时域信号。模拟时域信号与其他信号的不同在于，它在运载信息时不仅有信号的电平，还有电平随时间的变化。在测量一个时域信号时，也可以说是一个波形，需要关注一些有关波形形状的特性，如斜度、峰值等。为了测量一个时域信号，必须有一个精确的时间序列，序列的时间间隔也应该合适，以保证信号的有用部分被采集到。要以一定的速率进行测量，这个测量速率要能跟上波形的变化。用于测量时域信号的采集系统包括一个模-数（A-D）转换器、一个采样时钟和一个触发器。模-数转换器的分辨率要足够高，保证采集数据的精度、带宽要足够高，用于高速率采样；精确的采样时钟，用于以精确的时间间隔采样；触发器使测量在恰当的时间开始。日常生活中存在许多不同的时域信号，如心脏跳动信号、视频信号等，测量它们通常是因为对波形的某些方面的特性感兴趣。

3）模拟频域信号。模拟频域信号与时域信号类似，然而从频域信号中提取的信息是基于信号的频域内容，而不是波形的形状，也不是随时间变化的特性。用于测量一个频域信号的系统必须有一个模-数转换器、一个简单时钟和一个用于精确捕捉波形的触发器。系统必须有必要的分析功能，用于从信号中提取频域信息。为了实现这样的数字信号处理，可以使用应用软件或特殊的 DSP 硬件来迅速而有效地分析信号。常见的模拟频域信号也很多，如声音信号、地球物理信号、传输信号等。

上述信号分类不是互相排斥的。一个特定的信号可能运载有不止一种信息，可以用几种方式来定义信号并测量它，用不同类型的系统来测量同一个信号，从信号中取出需要的各种信息。例如，根据信号源参考点的连接方式（接地与不接地），可以分为如下两种类型：

1）接地信号。接地信号就是将信号的一端与系统地连接起来，如大地或建筑物的地。因为信号用的是系统地，所以与数据采集卡是共地的。接地最常见的例子是通过墙上的接地引出线，如信号发生器和电源。

2）浮动信号。一个不与任何地（如大地或建筑物的地）连接的电压信号称为浮动信号，浮动信号的每个端口都与系统地独立。一些常见的浮动信号的例子有电池、热电偶、变压器和隔离放大器。

6.3 数据采集的基本原理

数据采集系统中采用计算机作为处理机。众所周知，计算机内部参与运算的信号是二进制的离散数字信号，而被采集的各种物理量一般是连续的模拟信号。因此，在数据采集系统中同时存在着两种不同形式的信号：离散数字信号和连续模拟信号。在研究开发数据采集系统时，首先遇到的问题是传感器所测量到的连续模拟信号怎样转换成离散的数字信号。

连续的模拟信号转换成离散的数字信号，经历以下两个断续过程：

1）时间断续。对连续的模拟信号 f(t)，按一定的时间间隔 T，抽取相应的瞬时值（即离散化），这个过程称为采样。连续的模拟信号 f(t) 经过采样过程后转换为时间上离散的模拟信号（即幅值仍是连续的模拟信号），简称为采样信号。

2）数值断续。把采样信号以某个最小数量单位的整数倍数来度量，这个过程称为量化。采样信号经量化后变换为量化信号，再经过编码，转换为离散的数字信号（即时间和幅值是离散的信号），简称为数字信号。

在对连续的模拟信号做离散化处理时，必须遵守一个原则，如果随意进行，将会产生如下一些问题：

79

1）可能使采样点增多，导致占用大量的计算机内存单元，严重时将因内存量不够而无法工作。

2）也可能使采样点太少，使采样点之间相距太远，引起原始数据值的失真，复原时不能复现出原来连续变化的模拟量，从而造成误差。

为了避免产生上述问题，在对模拟信号离散化时，必须依据采样定理规定的原则进行。

1. 采样过程

采样器按预定的时间间隔对模拟信号离散化，从而把连续的模拟信号转化为离散的脉冲子样，再由模-数转换器把离散子样进行量化和编码，变成数字信号送到存储器等待处理。采样过程原理如图 6-4 所示。

由于采样信号

$$f_s(t) = f(t)\delta(t) \tag{3-1}$$

式中，$f(t)$ 为待采集的模拟信号；$\delta(t)$ 为脉冲函数。

而脉冲函数

$$\delta(t) = \begin{cases} \infty, & t=0 \\ 0, & t\neq 0 \end{cases} \tag{3-2}$$

所以

$$f_s(t) = f(t)\delta_T(t) = f(t)\sum_{n=-\infty}^{+\infty}\delta(t-nT) \tag{3-3}$$

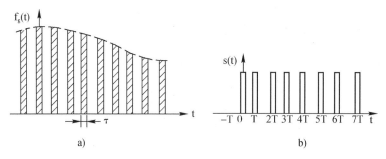

图 6-4　采样过程原理图

a）采样信号　　b）脉冲函数

2. 采样定理

对于一个有限频谱的连续信号，当采样频率大于信号成分最高频率的 2 倍时，采样才能不失真地恢复到原来的连续信号。采样定理又称奈奎斯特（Nyquist）定理，它是采样频率选取的理论基础。

一般地，信号的最高频率难以确定，当含有噪声时，则更为困难。采样理论要求在取得全部采样值后才能求得被采样函数，而实际在某一采样时刻，计算机只取得本次采样值和以前各次采样值，因此必须在以后的采样值尚未取得的情况下进行计算分析。因此，实际的采样频率取值高于理论值，一般为信号最高频率的 5~10 倍。

6.4　配置 LabVIEW DAQ

在使用 LabVIEW DAQ 编程之前，首先需要在计算机上安装 DAQ 驱动程序，即 NI-DAQmx，并进行必要配置。

　　DAQ 驱动程序安装后，会自动安装一个名为 "Measurement & Automation Explorer" 的软件，即测试与自动化资源管理器，简称 MAX，用于管理和配置 DAQ 硬件设备。打开 MAX，可以看到本机上配置的 NI 公司的软硬件情况，主界面如图 6-5 所示。

图 6-5　MAX 主界面

1. 配置 DAQ 物理设备

　　在配置 DAQ 物理设备前，首先将设备与计算机连接，打开 MAX，展开 "设备和接口"，确认设备已被识别，如果正确识别，则会显示绿色的图标。如使用远程实时终端，展开 "远程系统"，找到并展开远程终端，然后打开 "设备和接口"。如设备未显示，按 <F5> 键刷新 MAX。如仍未显示，请检查设备连接状态和开启状态等，或查找 NI 帮助。

2. 创建 DAQ 仿真设备

　　NI-DAQmx 仿真设备十分有用，无须任何物理硬件的存在即可使用如 DAQ 助手等工具，支持在没有真实物理硬件的时候测试相应设备的功能和性能，可用来创建和运行 NI-DAQmx 程序。选择任意 NI-DAQmx 所支持的设备并且作为一个仿真设备在 MAX 里添加到硬件配置中，设备通过应用软件即可使用。

3. 测试设备

　　无论是 DAQ 物理设备还是仿真设备，均可右键单击要测试的设备，在弹出的快捷菜单中选择 "测试面板"，打开选中设备的测试面板，如图 6-6 所示。

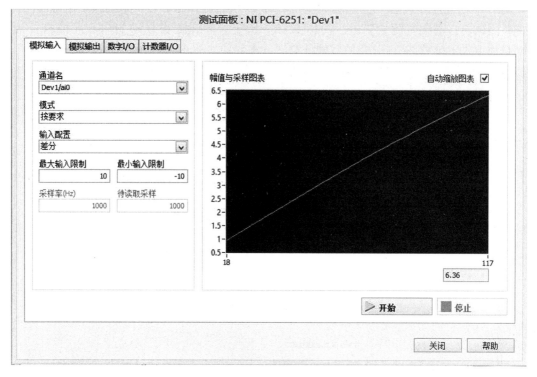

图 6-6　测试面板

在测试面板中，单击"开始"按钮测试设备的功能，或单击"帮助"按钮查看操作须知。各选项卡具体内容如下。

1）模拟输入：该选项卡可用于读取模拟输入通道。单击"开始"按钮从模拟输入通道 0 采集数据。如果使用了 DAQ 硬件设备和信号附件，如通道"Dev1/ai0"连接温度传感器。将手指放在温度传感器上可以观察到电压值上升。完成后单击"停止"按钮，如果使用的是仿真设备，所有输入通道图表均为正弦波。

2）模拟输出：该选项卡可用于设置 DAQ 设备某一模拟输出通道的信号电话或正弦波幅值。

3）数字 I/O：该选项卡用于测试 DAQ 设备的数字线。

单击"关闭"按钮，可关闭测试面板，返回 MAX 界面。

6.5　LabVIEW DAQmx 编程

NI-DAQmx 应用程序编程接口（API）适用于各种设备功能和设备系列，也就意味着在一个多功能设备的所有功能都可通过同一功能集（模拟输入、模拟输出、数字 I/O 和计数器）进行编程。而且，数字 I/O 设备和模拟输出设备也可由同一个功能集进行编程。在 LabVIEW 中，多态机制使得这些都成为可能。一个多态 VI 可接收多种数据类型，用于一个或多个输入和/或输出终端。NI-DAQmx API 对于所有可支持的编程环境都是一样的，只需学习运用一个功能集，便可在多种编程环境下对大部分的 NI 数据采集硬件进行编程。

安装完 NI-DAQmx 驱动程序后，在 LabVIEW 的函数选板中就会出现 DAQmx 节点，利用这些节点可以进行 DAQmx 程序设计。DAQmx 编程节点位于"函数选板"→"测量 I/O"→

"DAQmx –数据采集"选板上, 如图 6 - 7 所示。

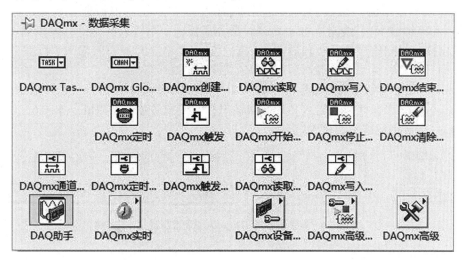

图 6 - 7　"DAQmx –数据采集"选板

该选板上除了含有一些基本的 DAQmx 编程节点外, 还包括一些子选板, 如 DAQmx 实时、DAQmx 设备配置、DAQmx 高级任务选项、DAQmx 高级子选板等。下面对一些常用的 DAQmx 编程节点进行介绍。

1. DAQmx 任务

该节点是一个常量, 即 DAQmx 任务名常量, 它列出了用户创建并通过 DAQ 助手保存的全部任务。使用操作工具在其图标上单击, 可选择用户已创建的 DAQmx 任务, 如图 6 - 8 所示。例如, 这里可选择预先创建的"我的电压任务"。

如果需要对已经创建的任务进行编辑, 则可在需要编辑的任务名上单击右键, 在弹出的快捷菜单中选择"编辑 NI-DAQmx 任务"命令, 即可打开 DAQ 助手设置面板对该任务进行编辑修改。

图 6 - 8　选择 DAQmx 任务

如果不存在可供选择的已创建的 DAQmx 任务, 则可以右键单击 DAQmx 任务常量, 在快捷菜单中选择"新建 DAQmx 任务", 即可立即打开 NI-DAQ 向导, 创建 DAQmx 任务。

在 DAQmx 任务名常量的右键快捷菜单中, 还可以通过 DAQmx 任务名为任务生成代码, 或是将 DAQmx 任务常量转换为 DAQ 助手 Express VI。

2. DAQmx 虚拟通道创建

"DAQmx 虚拟通道创建"函数(见图 6 - 9)可以创建一个虚拟通道并将它添加至任务, 也可用于创建多个虚拟通道, 并将它们都添加至一个任务中。如果没有指定某个任务, 则该函数自动创建一个任务。该函数是个多态 VI, 它有许多实例, 这些实例分别对应于虚拟通道的 I/O 类型(如模拟输入、数字输出或计数器输出)、测量或生成操作(如温度测量、电压测量或事件计数)或在某些情况下使用的传感器(如用于温度测量的热电偶)。

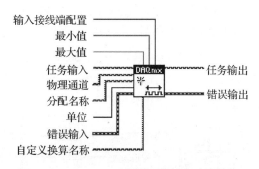

图 6 - 9　"DAQmx 虚拟通道创建"函数

　　"DAQmx 虚拟通道创建"函数的输入根据不同函数例程而有所不同，然而，某些输入对大部分（即使不是全部）函数的例程都是通用的。例如，指定虚拟通道所采用的物理通道（模拟输入和模拟输出）、线路（数字）或计数器需要同一个输入。此外，模拟输入、模拟输出和计数器操作根据信号的最小和最大预估值，使用最小值和最大值输入来配置和优化测量和生成。而且，多种类型的虚拟通道可进行自定义扩展。

　　DAQmx 虚拟通道创建节点图标的下拉菜单中有 6 种类型，分别为模拟输入、模拟输出、数字输入、数字输出、计数器输入和计数器输出，各类型又有多种测量。如图 6 - 10 所示是 6 种不同的 DAQmx 创建虚拟通道 VI 实例。

图 6 - 10　6 种不同的 DAQmx 创建虚拟通道 VI 实例

3. DAQmx 创建任务

　　该 VI 节点位于"函数选板"→"测量 I/O"→"DAQmx 数据采集"→"DAQmx 高级任务选项"选板上，用来创建一个 DAQmx 数据采集任务。其图标及端口如图 6 - 11 所示。

　　端口的定义和说明可在 LabVIEW 中查看帮助信息。

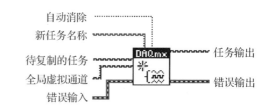

图 6 - 11　"DAQmx 创建任务"VI 的图标及端口

4. DAQmx 触发

　　"DAQmx 触发"函数可用于对触发进行配置来执行指定操作，最常用的操作是开始触发和参考触发。开始触发用于启动采集或生成，参考触发则用于在一组采集样本中创建预触发数据结束后和后触发数据开始前的位置。可对这两个触发进行配置，使其发生在数字边沿、模拟边沿或模拟信号进入或离开窗口时。图 6 - 12 所示为 DAQmx 触发 VI 中开始数字边沿触发和参考数字边沿触发的实例图标及端口。

　　许多数据采集应用程序需要在一个设备上实现不同功能区域的同步（如模拟输出和计数器），而其他的程序也需要在多个设备之间实现同步。为了实现这些同步性，触发信号必须在单个设备的不同功能区域间或在不同的设备间进行路由。而 DAQmx 则可自动执行这些路由。在使用"DAQmx 触发"函数时，所有有效的触发信号均可作为源输入到函数中。例如，在图 6 - 13 的"DAQmx Trigger"VI 中，设备 2 的开始触发信号可用作设备 1 的开始触发源，而无须进行任何显式路由。

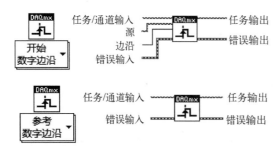

图 6 - 12　DAQmx 数字边沿触发

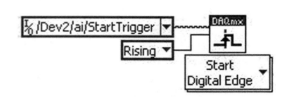

图 6 - 13　"DAQmx Trigger"VI

5. DAQmx 定时

"DAQmx 定时"函数用于对硬件定时的数据采集操作进行定时配置，包括指定操作是连续执行还是有限执行、选择采集或生成的样本数量以进行有限操作，以及需要时创建缓冲区。它也是一个多态 VI，有多个 VI 实例可供选择，如采样时钟（模拟/计数器/数字）、握手（数字）和隐式（计数器）等。图 6-14 所示为采样时钟（模拟/计数器/数字）VI 实例的图标及端口。

对于需要采样定时（模拟输入、模拟输出、计数器）的操作，"DAQmx 定时"函数的采样时钟例程可用于设置采样时钟源和采样速率，采样时钟源可以是内部也可以是外部的信号源。采样时钟能够控制采集或生成样本的速率。每个时钟脉冲将启动任务中每个虚拟通道的样本采集或生成。

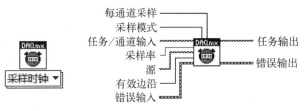

图 6-14　"采样时钟"VI 实例的图标及端口

为了实现数据采集程序间的同步，定时信号必须与触发信号以同样的方式在一个设备的不同功能区域间或在多个设备间进行路由。NI-DAQmx 可自动完成这些路由。所有有效的定时信号都可作为"DAQmx 定时"函数的输入源。例如，在图 6-15 所示的"DAQmx Timing"VI 中，设备的模拟输出采样时钟信号可用作模拟输入通道采样时钟的信号源，而无须进行任何显式路由。

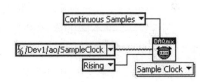

图 6-15　"DAQmx Timing"VI

6. DAQmx 开始任务

"DAQmx 开始任务"函数可以将一个任务显式转换成运行状态，其图标及端口如图 6-16 所示。在运行状态下，任务将进行指定的采集和生成。当"DAQmx 读取"函数运行而"DAQmx 开始任务"函数未运行时，任务将隐式转换成运行状态或自动启动。这种隐式转换

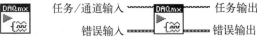

图 6-16　"DAQmx 开始任务"VI 的图标及端口

也会发生在"DAQmx 写入"函数在指定的自动开始输入驱动下运行但"DAQmx 开始任务"函数未运行时。

虽然不一定需要，但包含硬件定时的采集或生成的任务最好使用"DAQmx 开始任务"函数来显式启动。而且，如果需要多次执行"DAQmx 读取"函数或"DAQmx 写入"函数（如在一个循环中），则应使用"DAQmx 开始任务"函数，否则任务会由于不断重复开始和停止而影响执行性能。

7. DAQmx 读取

"DAQmx 读取"函数可从指定的采集任务中读取样本。这时一个多态 VI 针对不同的函数例程可选择不同的采集类型（模拟、数字或计数器）、虚拟通道数量、采样数量和数据类型。

指定的采样数量从 DAQ 板卡上的 FIFO 传输到 RAM 中的 PC 缓存后，"DAQmx 读取" 函数再将样本从 PC 缓存转移到应用程序开发环境（ADE）内存中。图 6 - 17 所示为 "DAQmx 读取" VI 中 "模拟 1D 波形 N 通道 N 采样" 的实例图标及端口。

图 6 - 17　"DAQmx 读取" VI 中 "模拟 1D 波形 N 通道 N 采样" 实例图标及端口

可读取多个采样的 "DAQmx 读取" 函数例程包括一个用于指定函数执行时每个通道需要读取的采样数量的输入。对于有限采集，将每个通道采样数指定为 -1，函数将等待所有请求的样本采集完毕，然后再对这些样本进行读取。对于连续采集，如果将每通道采样数指定为 -1，则函数执行时将读取当前缓存区中的所有样本。

8. DAQmx 写入

"DAQmx 写入" 函数用于将样本写入指定的生成任务中，相当于读取的逆过程。它是一个多态 VI，针对不同的函数例程可选择不同的生成类型（模拟或数字）、虚拟通道数量、采样数量和数据类型。"DAQmx 写入" 函数将样本从应用程序开发环境（ADE）写入到 PC 缓存中，然后这些样本从 PC 缓存传输到 DAQ 板卡 FIFO 以进行生成。图 6 - 18 所示为 "DAQmx 写入" VI 中 "模拟 1D 波形 N 通道 N 采样" 的实例图标及端口。

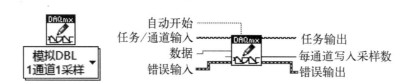

图 6 - 18　"DAQmx 写入" VI 中 "模拟 1D 波形 N 通道 N 采样" 实例图标及端口

每个 "DAQmx 写入" 函数的例程包含一个自动开始输入，用于在任务没有显式启动时判定该函数是否隐式启动任务。在 "DAQmx 开始任务" 一节已介绍过，显式启动硬件定时的生成任务时应使用 "DAQmx 开始任务" 函数。如果需要多次执行 "DAQmx 写入" 函数，则还应使用该函数来使性能最优化。

9. DAQmx 结束前等待

"DAQmx 结束前等待" 函数用于等待数据采集完毕后结束任务，该 VI 的图标及端口如图 6 - 19 所示。该函数可确保指定的采集或生成完成后任务才停止。大多数情况下，DAQmx 结束前等待函数用于有限操作的情况。一旦该函数执行完毕，则表示有限采集或生成已完成，任务可在不影响操作的情况下停止。此外，超时输入可用于指定最长等待时间。如果采集或生成没有在该时间内完成，则函数将退出并生成一个相应错误。

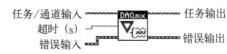

图 6 - 19　"DAQmx 结束前等待" VI 的图标及端口

10. DAQmx 停止任务

该 VI 用于停止任务，并将任务恢复到执行前的状态，其图标及端口如图 6 - 20 所示。

对于"DAQmx 启动任务"VI 和 "DAQmx 停止任务"VI，需要注意的是，如果在循环中多次使用"DAQmx 读取"VI 或"DAQmx 写入"VI，但是没有使用 "DAQmx 开始任务"VI 和"DAQmx 停止任务"VI，则任务将反复进行开始和停止操作，这会大大降低应用程序的性能。

图 6 - 20　"DAQmx 停止任务"VI 的图标及端口

11. DAQmx 清除任务

"DAQmx 清除任务"函数用于清除指定的任务。如果任务正在运行，则函数将先停止任务，然后释放任务所有的资源。一旦任务被清除后，除非再次创建，否则该任务无法再使用。所以，如果需要再次使用任务，则应使用"DAQmx 停止任务"函数来停止任务，而不是将其清除。"DAQmx 任务清除"VI 的图标及端口如图 6 - 21 所示。

对于连续操作，应使用"DAQmx 任务清除"函数来停止实际的采集或生成。如果在循环内部使用"DAQmx 创建任务"VI 或 "DAQmx 创建虚拟通道"VI，那么应在任务结束前在循环中使用"DAQmx 清除任务"VI，以避免不必要的内存分配。

图 6 - 21　"DAQmx 任务清除"VI 的图标及端口

12. DAQmx 属性

通过 DAQmx 属性可以访问与数据采集操作相关的所有属性。这些属性可通过 DAQmx 属性写入来进行设置，并且当前的属性值也可以通过 DAQmx 属性读取。在 LabVIEW 中，一个 DAQmx 属性节点可用于写入或读取多个属性。DAQmx 属性节点提供了对所有与数据采集操作相关属性的访问，有"DAQmx 通道"属性节点、"DAQmx 定时"属性节点、"DAQmx 触发"属性节点、"DAQmx 读取"属性节点和"DAQmx 写入"属性节点，如图 6 - 22 所示。

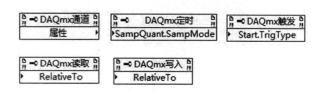

图 6 - 22　DAQmx 属性节点

6.6　实训练习

1. 创建仿真设备

✔ 【练习 6 - 1】使用 MAX 创建仿真设备

1）打开 MAX（见图 6 - 23），在左侧的配置管理树的"设备和接口"上单击右键，在弹出的快捷菜单中选择"新建",打开如图6－24所示的"新建"对话框。在该对话框中选择"仿真 NI-DAQmx 设备或模块化仪器",然后单击"完成"按钮,进入"创建NI-DAQmx仿真设备"对话框,如图6－25所示。

图 6－23　MAX 主界面

图 6－24　"新建"对话框

图 6 - 25　"创建 NI-DAQmx 仿真设备"对话框

2) 在如图 6 - 25 所示的对话框中选择"M 系列 DAQ",可以展开下级目录,选择"NI PCI-6251",单击"确定"按钮,可以看到所创建的仿真设备如图 6 - 26 所示,默认仿真设备名称为"Dev1",图标为黄色。可单击右键对虚拟设备进行自检、重命名、创建任务等配置和测试。

图 6 - 26　创建仿真设备

右键单击 DAQ 设备"Dev1"并从快捷菜单中选择"自检",将出现表示设备已通过自检的对话框,单击"确定"按钮关闭对话框。

3) 右键单击 DAQ 设备"Dev1"并从快捷菜单中选择"测试面板",将出现测试面板。

"模拟输入"选项卡可用于读取模拟输入通道。单击"开始"按钮，从模拟输入通道0采集数据；如果使用了 DAQ 硬件设备和信号附件，如通道 Dev1/ai0 连接温度传感器，则将手指放在温度传感器上可以观察到电压值上升，完成后单击"停止"按钮；如果使用的是仿真设备，所有输入通道图表均为正弦波。

"模拟输出"选项卡可用于设置 DAQ 设备某一模拟输出通道的信号变化或正弦波幅值。

"数字 I/O"选项卡用于测试 DAQ 设备的数字线。

单击"关闭"按钮，关闭测试面板，返回 MAX 界面。

4）按照上述方法再创建一个仿真设备"Dev2"，仍然可以选择"M 系列 DAQ"→"NI PCI-6233"。

2. 使用 DAQ 助手

物理通道是测量和生成模拟信号或数字信号的接线端或引脚。虚拟通道对应物理通道并包括设置信息，如输入端连接、测量或生成的类型以及换算信息。在 NI-DAQmx 中，各项测量都不能缺少虚拟通道。

任务是具有定时、触发等属性的一个或多个虚拟通道。理论上，任务就是要执行的测量或信号生成任务。可在任务中设置和保存配置信息，并在应用程序中使用任务。

使用 DAQ 助手，可以在 MAX 或应用程序中配置虚拟通道和任务。

【练习 6-2】使用 DAQ 助手创建电压采集任务

目的：使用 DAQ 助手采集电压信号。

1）选择"文件"→"新建 VI"，打开一个新的前面板。

添加波形图标控件（"控件选板"→"Express"→"图形显示控件"）。

2）按 < Ctrl + E > 组合键切换到该 VI 的程序框图。

① 添加"DAQ 助手"函数（"函数选板"→"Express"→"输入"），将弹出 DAQ 助手设置界面，如图 6-27 所示。选择"采集信号"→"模拟输入"→"电压"。按照图 6-28 所示，选择 Dev1 通道 ai0，单击"完成"按钮，进入图 6-29 所示界面，设置"采集模式"为"连续采样"，"待读取采样数"为 100，"采样率（Hz）"为 100，单击"确定"按钮，弹出如图 6-30 所示提示框，再单击"是"按钮。

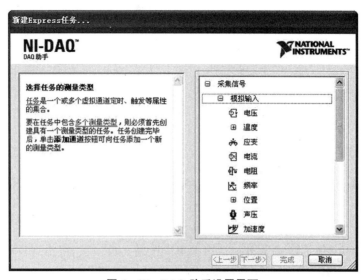

图 6-27　DAQ 助手设置界面

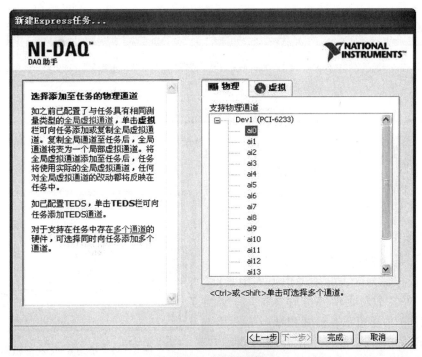

图 6-28　选择通道

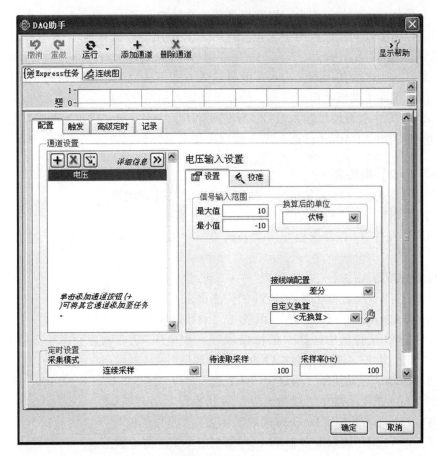

图 6-29　通道设置

图 6 - 30　提示框

② 按照图 6 - 31 所示完成练习 6 - 2 程序框图。

3）运行该 VI。

4）将该 VI 保存为 "6 - 2. vi"。

3. 测量模拟输入

模拟输入是采集最基本的功能。当采用 DAQ 卡测量模拟信号时，必须考虑下列因素：输入模式（单端输入或者差分输入）、分辨率、输入范围、采样速率、精度和噪声等。其中，输入范围是指 ADC 能够量化处理的最大、最小输入电压值。DAQ 卡提供了可选择的输

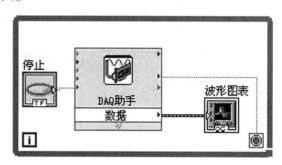

图 6 - 31　练习 6 - 2 程序框图

入范围，它与分辨率、增益等配合，以获得最佳的测量精度。

单端输入以一个共同接地点为参考点。这种方式适用于输入信号为高电平（大于 1V），信号源与采集端之间的距离较短（小于 5m），并且所有输入信号有一个公共接地端。如果不能满足上述条件，则需要使用差分输入。差分输入方式下，每个输入可以有不同的接地参考点。并且，由于消除了共模噪声的误差，所以差分输入的精度较高。

要在 LabVIEW 中获取模拟输入信号，首先要利用 "DAQmx 虚拟通道创建" VI 节点创建虚拟通道，然后利用 "DAQmx 读取" 节点读取采集卡采样到的数据，并进行显示。

 【练习 6 - 3】电压表

目的：使用 DAQmx API 采集信号，执行连续的软件定时测量。

1）选择 "文件" → "新建 VI"，打开一个新的前面板。

① 添加仪表控件（"控件选板" → "新式" → "数值"），设定仪表显示控件的刻度范围为 - 5 ~ 5。

② 添加停止按钮控件（"控件选板" → "新式" → "布尔"）。

2）按 < Ctrl + E > 组合键切换到该 VI 的程序框图。

① 添加 "DAQmx 虚拟通道创建" 函数（"函数选板" → "测量 I/O" → "DAQmx 数据采集"）。在多态 VI 选择器中选择 "模拟输入" → "电压"。在物理通道输入接线端，选择 "创建" → "输入控件"，并重命名控件为 "物理通道"。

② 添加 "DAQmx 开始任务" 函数（"函数选板" → "测量 I/O" → "DAQmx 数据采集"）。

③ 添加 While 循环函数（"函数选板" → "编程" → "结构"）。

④ 在 While 循环内添加 "DAQmx 读取" 函数（"函数选板" → "测量 I/O" → "DAQmx 数据采集"），该 VI 用于读取由多态 VI 选择器制定类型的测量数据。

选择 "模拟" → "单通道" → "单采样" → "DBL"，该选项是从一条通道返回一个双

精度浮点型的模拟采样。

⑤ 在 While 循环内添加 "等待下一个整数倍毫秒" 函数（"函数选板"→"编程"→"定时"）。在毫秒倍数接线端，选择 "创建"→"常量"，并设置常量值为 10。

⑥ 添加 "DAQmx 清除任务" 函数。在清除之前，VI 将停止该任务，并在必要情况下释放任务占用的资源。

⑦ 添加 "简易错误处理" 函数（"函数选板"→"编程"→"对话框与应用"）。程序出错时，该 VI 显示出错信息和出错位置。

按照图 6 - 32 所示完成各个端子的连接。

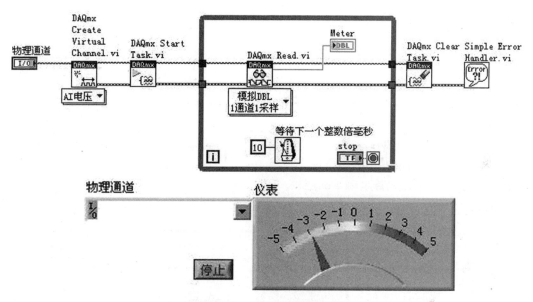

图 6 - 32　前面板及程序框图

3）选择物理通道后，运行该 VI。

4）将该 VI 保存为 "6 - 3. vi"。

【练习 6 - 4】电压连续数据采集和记录

目的：从 DAQ 设备连续采集电压数据，并将数据保存在文件中。

1）选择 "文件"→"新建 VI"，打开一个新的前面板。

① 添加波形图标控件（"控件选板"→"新式"→"图形"）。

② 添加停止按钮控件（"控件选板"→"新式"→"布尔"）。

2）按 <Ctrl + E> 组合键切换到该 VI 的程序框图。

① 添加 "DAQmx 虚拟通道创建" 函数（"函数选板"→"测量 I/O"→"DAQmx 数据采集"）。在多态 VI 选择器中选择 "模拟输入"→"电压"。在物理通道输入接线端，选择 "创建"→"输入控件"，并重命名控件为 "物理通道"。

② 添加 "DAQmx 定时" 函数（"函数选板"→"测量 I/O"→"DAQmx 数据采集"）。在多态 VI 选择器中选择 "采样时钟"。在采样率输入接线端，单击右键，在快捷菜单中选择 "创建"→"输入控件"。在采样模式接线端，单击右键，在快捷菜单中选择 "创建"→"常量"，并设置常量为 "连续采样"。

③ 添加 "DAQmx 开始任务" 函数（"函数选板"→"测量 I/O"→"DAQmx 数据采集"）。

④ 添加 While 循环函数（"函数选板"→"编程"→"结构"）。

⑤ 在 While 循环内添加 "DAQmx 读取" 函数（"函数选板"→"测量 I/O"→"DAQmx

数据采集"），该 VI 用于读取由多态 VI 选择器制定类型的测量数据。选择"模拟"→"单通道"→"多采样"→"波形"。在每个通道采样数输入接线端，单击右键，在快捷菜单中选择"创建"→"常量"，并设置常量值为100。

⑥ 在 While 循环内添加"等待 ms"函数（"函数选板"→"编程"→"定时"）。在毫秒倍数接线端，选择"创建"→"常量"，并设置常量值为10。

⑦ 在 While 循环内添加"DAQmx 读取"属性节点（"函数选板"→"编程"→"应用程序控制"），该属性节点可配置通道读取的属性（右键单击属性节点，在快捷菜单中选择"DAQmx 类"→"DAQmx 读取"）。

设置"DAQmx 读取"属性节点（"属性"→"状态"→"每通道可用采样"）。在每个通道可用采样输出接线端，单击右键，在快捷菜单中选择"创建"→"显示控件"。

⑧ 在 While 循环内添加"按名称解除捆绑"函数（"函数选板"→"编程"→"簇、类与变体"）。

⑨ 在 While 循环内添加"或"函数（"函数选板"→"编程"→"比较"）。

⑩ 添加"DAQmx 清除任务"函数。在清除之前，VI 将停止该任务，并在必要情况下释放任务占用的资源。

⑪ 添加"简易错误处理"函数（"函数选板"→"编程"→"对话框与应用"）。程序出错时，该 VI 显示出错信息和出错位置。

按照图 6-33 所示完成各个端子的连接。

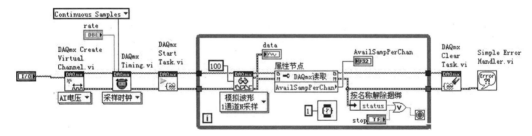

图 6-33　练习 6-4 程序框图

程序前面板如图 6-34 所示。

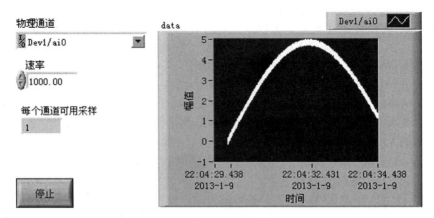

图 6-34　练习 6-4 前面板

3）选择物理通道，将采样率设置为 100000，运行该 VI。观察每个通道可用采样显示。如果采集的速度大于读取的速度，缓冲区会逐步填满并最终溢出。

① 采样率为 100000Hz，仿真过程持续 1ms 时，缓冲区可能会溢出，程序停止并报错。

② 将采样率减小为 1000Hz，运行 VI。观察每个通道可用采样显示控件的变化。

4）将该 VI 保存为 "6 - 4 - 1. vi"。

5）将 "6 - 4 - 1. vi" 另存为 "6 - 4 - 2. vi"。按照图 6 - 35 所示修改 "6 - 4 - 2. vi" 的程序框图。

① 删除 "DAQmx 读取" 属性节点和 "等待（ms）" 函数。

② 删除显示控件 "每个通道可用采样"。

③ 扩大 While 循环所占区域。

④ 在 While 循环中添加 "写入测量文件"（Express）VI（"函数选板" → "Express" → "输出"），该 VI 将 LabVIEW 策略数据写入文件中。

按图 6 - 36 设置 "配置写入测量文件" 对话框，再单击 "确定" 按钮。

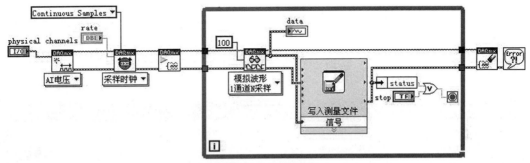

图 6 - 35　程序框图

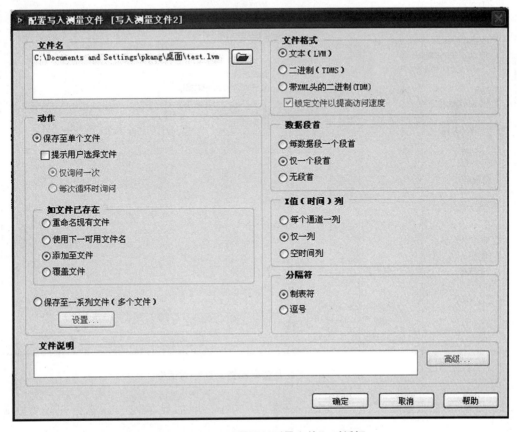

图 6 - 36　"配置写入测量文件" 对话框

6）持续运行"6-4-2. vi"几秒钟后，单击"停止"按钮。

7）保存 VI。

✓ 【练习6-5】读取测量数据文件

目的：读取测量数据文件。

1）选择"文件"→"新建 VI"，打开一个新的前面板。

添加波形图表控件（"控件选板"→"新式"→"图形"），将标签改为"信号"。

2）按 < Ctrl + E > 组合键切换到该 VI 的程序框图。

① 添加 While 循环函数（"函数选板"→"编程"→"结构"）。

② 在 While 循环内添加"读取测量文件"VI（"函数选板"→"Express"→"输入"）。

按图 6-37 所示设置"配置读取测量文件"对话框，再单击"确定"按钮。

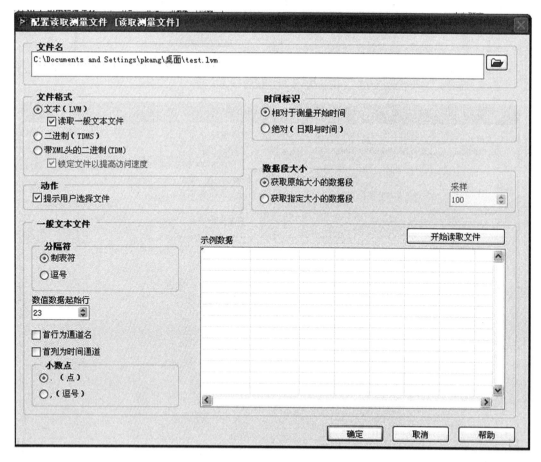

图 6-37   "配置读取测量文件"对话框

③ 调整"读取策略文件"（Express）VI 大小，增加显示另一元素，并设置元素为"EOF?"。

④ 按图 6 - 38 所示完成各个端子连线。

3）运行 VI，选择练习 6 - 4 中保存的 . lvm 文件，在"6 - 4 - 2. vi"中采集和记录的数据显示在波形图表中。

4）将该 VI 保存为"6 - 5. vi"。

4．产生模拟输出

模拟输出（Analog Output，AO）可以看成逆向的模拟输入。模拟输入是采集外部的模拟信号，再通过 ADC 芯片转化成计算机可以识别的数字信号；而模拟输出则是先由计算机给采集卡数字信号，再经过 DAC 芯片，转化成模拟信号向外输出。

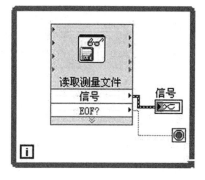

图 6 - 38　练习 6 - 5 程序框图

 【练习 6 - 6】模拟输出——连续单点生成

目的：创建在模拟输出通道上生成可变电压的 VI。

应用场景：在此练习中，将创建一个可变伺服风扇 VI，该 VI 通过可变电压控制风扇的转速。可以连续更新 DAQ 设备模拟输入输出通道的电压，以实现风扇转速控制。

1）选择"文件"→"新建 VI"，打开一个新的前面板。

添加水平指针滑动杆控件（"控件选板"→"新式"→"数值"），将标签改为"速度"。

2）按 <Ctrl + E> 组合键切换到该 VI 的程序框图。

① 添加"DAQmx 虚拟通道创建"函数（"函数选板"→"测量 I/O"→"DAQmx 数据采集"）。在多态 VI 选择器中选择"模拟输出"→"电压"。在物理通道输入接线端，选择"创建"→"输入控件"，并重命名控件为"物理通道"。

② 添加"DAQmx 开始任务"函数（"函数选板"→"测量 I/O"→"DAQmx 数据采集"）。

③ 添加 While 循环函数（"函数选板"→"编程"→"结构"）。

④ 在 While 循环内添加"DAQmx 写入"函数（"函数选板"→"测量 I/O"→"DAQmx 数据采集"）。

选择"模拟"→"单通道"→"单采样"→"DBL"。该选项是向一条通道写入一个双精度浮点型的数据。在自动开始接线端，单击右键，在快捷菜单中选择"创建"→"常量"，并设置常量值为 F。该 VI 将通过 DAQmx 开始任务 VI 启动运行，所以必须将 DAQmx 写入 VI 的自动开始常量设为 FALSE。

⑤ 在 While 循环内添加"等待下一个整数倍毫秒"函数（"函数选板"→"编程"→"定时"）。在毫秒倍数接线端，选择"创建"→"常量"，并设置常量值为 10。

⑥ 添加"DAQmx 清除任务"函数。在清除之前，VI 将停止该任务，并在必要情况下释放任务占用的资源。

⑦ 添加"简易错误处理"函数（"函数选板"→"编程"→"对话框与应用"），程序出错时，该 VI 显示出错信息和出错位置。

按照图 6 - 39 所示完成各个端子的连接。

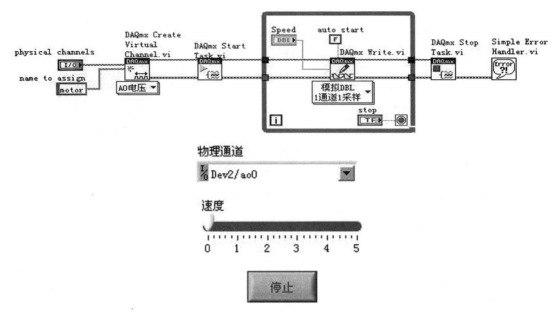

图 6 - 39　练习 6 - 6 程序框图及前面板

3）选择物理通道后，运行该 VI。将该 VI 保存为 "6 - 6. vi"。

4）测试。

① 打开 "Acq&Graph Voltage-Int Clk. vi"（位于 "范例" → "硬件输入/输出" → "模拟测量" → "电压"），前面板控件设定为下列值。

物理通道：Dev1/ai1

Sample Rate（Hz）：1000

Samples to Read：250

② 运行 "Acq&Graph Voltage-Int Clk. vi"，该 VI 将采集和显示连接至模拟输入通道 1 的电压信号。

5. 数字输入/输出

数字输入和输出是计算机技术的基础。数字输入/输出接口通常用于与外部设备的通信和产生某些测试信号，如在过程控制中与受控控件传递状态信息、测试系统报警等。数字输入/输出接口处理的是二进制的开关信息，ON 通常为 5V 的高电平，在程序中的值为 TRUE；OFF 通常为 0V 的低电平，在程序中的值为 FALSE。数字 I/O 可以传递真/假或 1/0。数字输出常用以表示是否超过临界值，或可为电路供电。数字输入则用以触发信号的采集任务。

【练习 6 - 7】数字读取

目的：学习使用 DAQ 设备读取数字数据。

1）选择 "文件" → "新建 VI"，打开一个新的前面板。

添加圆形指示灯控件（"控件选板" → "新式" → "布尔"），将标签改为 "数据"。

2）按 < Ctrl + E > 组合键切换到该 VI 的程序框图。

① 添加 "DAQmx 虚拟通道创建" 函数（"函数选板" → "测量 I/O" → "DAQmx 数据采集"）。

在多态 VI 选择器中选择 "数字输入"。在线接线端，选择 "创建" → "输入控件"，并重命名控件为"数字线"。

② 添加"DAQmx 开始任务"函数（"函数选板"→"测量 I/O"→"DAQmx 数据采集"）。

③ 添加 While 循环函数（"函数选板"→"编程"→"结构"）。

④ 在 While 循环内添加"DAQmx 写入"函数（"函数选板"→"测量 I/O"→"DAQmx 数据采集"）。

选择"数字"→"单通道"→"单采样"→"布尔（1 线）"。在数据输出接线端，单击右键，在快捷菜单中选择"创建"→"显示控件"。

⑤ 在 While 循环内添加"等待下一个整数倍毫秒"函数（"函数选板"→"编程"→"定时"）。在毫秒倍数接线端，选择"创建"→"常量"，并设置常量值为 10。

⑥ 添加"DAQmx 清除任务"函数。在清除之前，VI 将停止该任务，并在必要情况下释放任务占用的资源。

⑦ 添加"简易错误处理"函数（"函数选板"→"编程"→"对话框与应用"）。程序出错时，该 VI 显示出错信息和出错位置。

按照图 6 - 40 所示完成各个端子的连接。

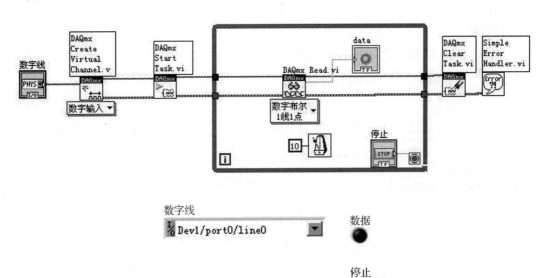

图 6 - 40　练习 6 - 7 程序
框图及前面板

3）选择数字线后，运行该 VI。

4）将该 VI 保存为"6 - 7. vi"。

【练习 6 - 8】数字写入

目的：学习使用 DAQ 设备读取数字数据。

1）选择"文件"→"新建 VI"，打开一个新的前面板。

2）按 < Ctrl + E > 组合键切换到该 VI 的程序框图。

① 添加"DAQmx 虚拟通道创建"函数（"函数选板"→"测量 I/O"→"DAQmx 数据采集"）。

在多态 VI 选择器中选择"数字输出"。在线接线端，单击右键，在快捷菜单中选择"创建"→"输入控件"，并重命名控件为"数字线"。在线分组输入接线端，单击右键，在快捷菜单中选择"创建"→"常量，"并设定该常量为"单通道用于所有线"。

② 添加"DAQmx 开始任务"函数（"函数选板"→"测量 I/O"→"DAQmx 数据采集"）。

③ 添加 While 循环函数（"函数选板"→"编程"→"结构"）。

④ 在 While 循环内添加"DAQmx 写入"函数（"函数选板"→"测量 I/O"→"DAQmx 数据采集"）。

选择"数字"→"单通道"→"单采样"→"1D 布尔（N 线）"。在数据输入接线端，单击右键，在快捷菜单中选择"创建"→"输入控件"。

⑤ 在 While 循环内添加"等待下一个整数倍毫秒"函数（"函数选板"→"编程"→"定时"）。在毫秒倍数接线端，选择"创建"→"常量"，并设置常量值为 10。

⑥ 添加"DAQmx 清除任务"函数。在清除之前，VI 将停止该任务，并在必要情况下释放任务占用的资源。

⑦ 添加"简易错误处理"函数（"函数选板"→"编程"→"对话框与应用"）。程序出错时，该 VI 显示出错信息和出错位置。

按照图 6-41 所示完成前面板及各个端子的连接。

3）按照图 6-41 设置数字线后，运行该 VI。

4）将该 VI 保存为"6-8. vi"。

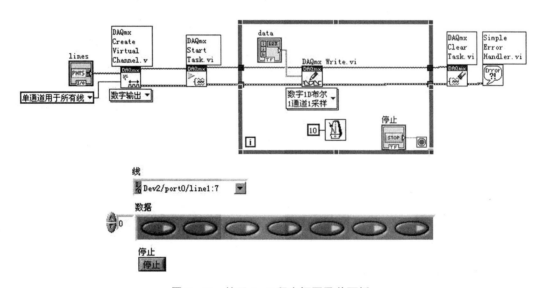

图 6-41　练习 6-8 程序框图及前面板

✓ 【挑战】使用 TDMS 文件记录所采集的设备

TDMS 是一种能实现高速数据记录的二进制文件格式。启用 TDMS 数据记录后，NI-DAQms 可将数据直接从设备缓冲区以流盘方式写入硬盘。NI-DAQms 将原始数据写入 TDMS 文件，提高了写入速度并降低了对硬盘的影响。写入数据至磁盘的同时也可读取数据。本书将在第 7 章结合生产者、消费者设计模式给出 TDMS 示例。

第7章 应用程序框架和设计模式

7.1 程序设计模式

程序设计模式是大量编程人员多年工作经验总结出的针对复杂程序的设计框架。通用的设计模式简单易读、可维护性强,可以减少开发人员的编程工作量;另外,基于模式开发的程序,便于其他程序员阅读或针对自己的需求加以修改。

对于较为复杂的项目,在着手编写具体代码之前,首先要搭建出系统架构。系统架构是流程图的代码体现,好的系统架构可以大大节约系统开发和调试的时间,使得逻辑更加清晰。

LabVIEW 作为一种图形化的编程语言,其编程环境和编程方式与传统的文本式编程语言有较大区别,但 LabVIEW 仍然遵循程序设计语言的一般规律,因此软件工程的原则和方法对于 LabVIEW 仍然是适用的。当把这些原则和方法灵活应用于 LabVIEW 的编程实践中,并兼顾 LabVIEW 语言的编程特点和应用领域的特殊性,不仅会提高应用程序的质量,使程序更加健壮、更具有条理性,增加程序代码的可读性和可理解性,还会降低应用程序的复杂度,提高程序代码的可重用性。

常见的 LabVIEW 程序设计模式主要有状态机(State Machine)模式、队列消息(Queued Message Handler)模式、用户界面事件(UI Event Loop)模式、主/从(Master/Slave)模式和生产者/消费者(Producer/Consumer)模式等。

7.2 状态机模式

绝大多数的测试系统在运行时需要从一个状态转换到另一个状态,或者在不同的状态之间互相切换,直至结束。因此状态机模式作为一种典型的类顺序结构方式,被广泛应用于各种自动化测试系统中。

状态机具有三个基本的要求:状态、事件和动作。任何一个状态机的执行都离不开以下这三个要素:

1)状态的选择是保证其他步骤有条不紊进行的前提,通常把程序需要经历的状态称为一个"状态序列",它描述了程序当前的运行情况。在设计可交互式状态序列时,"等待"是一个必不可少的状态,因为常有一个状态需要等待用户"确认",这个状态决定了下一个状态,这取决于与外部对象的交互。

2)状态机在控制状态的同时,与各个状态对应的事件也会随之触发。

3)动作是事件的相应,当一个事件发生时,状态机会决定应该执行什么样的动作,这主要取决于目前所处的状态和发生的事件。

一个简单的状态机框架如图 7-1 所示。

在 While 循环中加上一个条件结构就可以构成一个简单的状态机框架，其中循环主要用来使程序连续执行直到应用程序结束，条件结构允许程序员定义各种状态。条件结构的状态通常是由前一次迭代决定的，而位于其子框图中的代码则用于确定状态的变化及执行相应的任务。

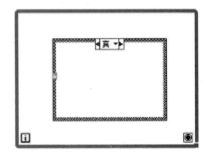

图 7－1　状态机框架

1. 顺序状态机

顺序状态机是最简单的一种状态机结构，它和顺序结构等价，如图 7－2 所示。在状态机的基本架构上，将循环索引端连接到条件结构的选择端口上，并在随后一个条件子框图中控制循环结束。

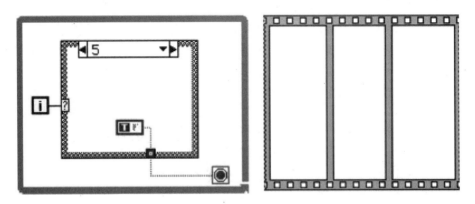

图 7－2　顺序状态机结构与顺序结构

在状态之间的数据传递中，顺序状态机与顺序结构的实现方式是不同的。前者使用的是移位寄存器，后者使用的是顺序结构的数据通道或者顺序局部变量。

顺序状态机模式的整个顺序状态序列的顺序是固定的，在程序运行时无法改变。也正是这一点制约了顺序状态机的应用，因为它妨碍了作为 LabVIEW 优点之一的程序并行运行机制。为了能够在程序运行中改变状态序列的执行顺序，可以对其加以改进，采用移位寄存器代替循环索引控制状态机的执行。移位寄存器的高度灵活性使得程序员可以按照实际情况设定状态序列的实际执行顺序，只需要利用移位寄存器的输出值将各个状态之间串起来即可。

2. 标准状态机

标准状态机是一种最为经典的程序设计模式，最基本的状态机结构如图 7－3 所示。状态是状态机运行的经脉，在开始使用状态机模式编写程序时需要将应用分为若干个状态。

由图 7－3 可知，LabVIEW 标准状态机主要由一个 While 循环①和一个条件结构③构成，并利用移位寄存器②来实现状态的跳转。为了方便编程，可采用自定义类型来实现状态枚举值，这样当需要修改程序状态时，只需要改变自定义类型就可以改变所有的枚举变量。

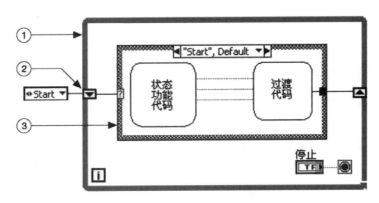

图 7 - 3　标准状态机程序框图

7.3　用户界面事件模式

通过搜索的方式来捕捉所有的"单击按钮"事件或其他事件，往往会占用大量的 CPU 资源。另外，状态机模式并不能捕捉其他一些常见的事件，如移动鼠标、关闭窗口和单击某个菜单项等。为了解决这些问题，可以使用用户界面事件模式。这种交互方式能够处理目前使用到的绝大部分事件，这是 LabVIEW 中用于人机交互的一种强大而高效的模式，而且事件捕获的方式采用中断实现，在事件没有发生期间，CPU 可以处理其他的操作，这就极大地减轻了 CPU 的负担。

根据来源的不同，事件可以分为用户界面事件、外部 I/O 事件和其他程序事件。其中，用户界面事件包括鼠标单击、键盘按键等动作；外部 I/O 事件包括当数据采集完毕或发生错误时硬件定时器或触发器发出信号等情况；其他程序事件可通过编程生成并与程序的不同部分通信。LabVIEW 支持用户界面事件和通过编程生成的事件，但不支持外部 I/O 事件。

用户界面事件模式一般由 While 循环和事件结构组成，程序开始后进入等待状态，等待某个事件发生后进入相应处理代码，处理结束后回到等待状态。这种程序模式的执行顺序取决于具体发生的事件及事件发生的顺序。

7.4　状态机和事件结构的结合

状态机模式的基本构成元素是 While 循环和条件结构，而事件结构模式的基本构成元素是 While 循环和事件结构，因此新的模式应该由 While 循环、条件结构和事件结构组成。其中，While 循环的目的是为了保证程序的持续运行，因此必须在最外层，这样就只剩下了图 7 - 4 所示的两种组合方式。

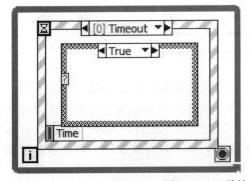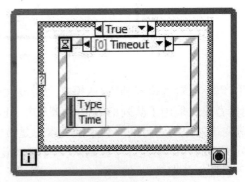

图 7 - 4　三种结构的两种组合方式

7.5 生产者/消费者模式

生产者/消费者模式中包括两个线程：一个是生产数据，另一个是消费/使用数据。在线程之间建立缓冲（采用队列实现），确保消费者以自己的步调使用数据，同时允许生产者将更多的数据添加到队列中，如图7-5所示。

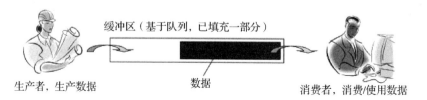

图 7-5 生产者/消费者模式示意图

具体来讲，生产者/消费者模式将多个并行循环分为生产数据和消费数据的两类循环，循环间采用队列的方式进行通信，这样当产生数据的速度比处理数据的速度快时，队列的缓冲作用保证数据不会丢失。这种模式对于处理需要较长时间才能完成的用户界面事件非常有效。生产者/消费者模式是利用 LabVIEW 图形化语言中的队列操作函数、While 循环、Case 结构、事件结构等组合构成。

图 7-6 所示为生产者/消费者模式的结构图。其中一个循环通过计算或数据采集等方式产生数据并将数据放入队列；另一循环一直等待直到队列中有数据，然后取出队列中的第一个数据并处理。

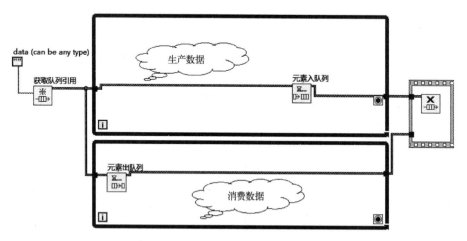

图 7-6 生产者/消费者模式的结构

生产者/消费者模式和主/从模式之间最大的不同就是数据存储和传输方式的不同。生产者/消费者模式采用了队列的数据存储方式（FIFO）。队列的数据存储是开辟一个缓存区，依据先进先出的原则进行的。新来的元素总是被加入队尾（即不允许"插队"），每次离队的总是队列头上的（即不允许中途离队）当前"最老的"元素。这样就保证了数据传递过程中基本上不会发生数据丢失的现象。

7.6　实训练习

　【练习 7-1】利用顺序型状态机计时

目的：利用顺序型状态机计算程序运行的时间。

1）选择"文件"→"新建 VI"，打开一个新的前面板。

添加数值输入控件（"控件选板"→"银色"→"数值"），将标签改为"input"，如图 7-7 所示。

2）按 < Ctrl + E > 组合键切换到该 VI 的程序框图。

按照图 7-8 和图 7-9 所示完成程序框图。

图 7-7　前面板

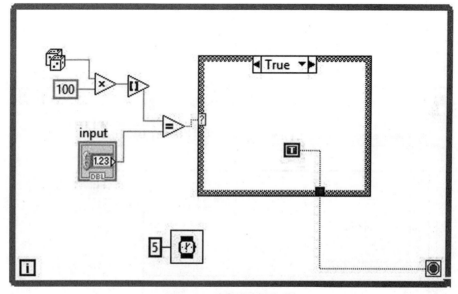

图 7-8　真分支程序框图

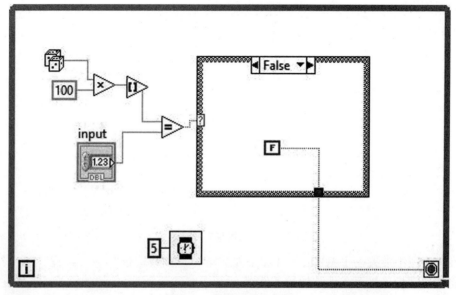

图 7-9　假分支程序框图

3）返回前面板，按照图 7 - 10 所示设置该 VI 的接线板，将"input"输入控件与接线板左侧端口关联。

图 7 - 10　程序接线板

4）将该 VI 保存为"match number. vi"。

5）选择"文件"→"新建 VI"，打开一个新的前面板。

① 添加数值输入控件（"控件选板"→"银色"→"数值"），将标签改为"input a number（0～100）"。

② 添加数值显示控件（"控件选板"→"银色"→"数值"），将标签改为"run time"。

前面板如图 7 - 11 所示。

6）按 < Ctrl + E > 组合键切换到该 VI 的程序框图。

① 添加枚举常量（"函数选板"→"数值"→"枚举常量"），单击右键，在快捷菜单中选择编辑条目，按照图 7 - 12 所示编辑枚举条目。

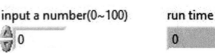

图 7 - 11　程序前面板

图 7 - 12　编辑枚举常量条目

② 在程序图中放置一个 While 循环和条件结构（"函数选板"→"编程"→"结构"）。

③ 将枚举常量连接至条件结构的条件端。

④ 右键单击条件结构上方的条件分支选择器，进行选择。

⑤ 在循环中添加条件结构（"函数选板"→"编程"→"结构"）。

⑥ 在条件结构的 TRUE，FALSE 分支中添加"创建数组"函数（"函数选板"→"编程"→"数组"）。

⑦ 在 For 循环中添加"小于等于 0？"函数（"函数选板"→"编程"→"比较"）。

按照图 7-13 所示连接各个端子。

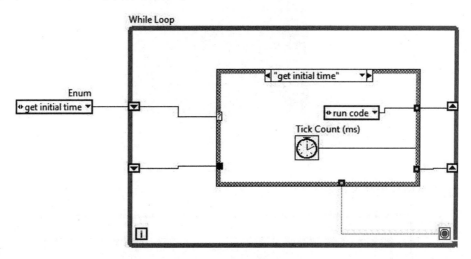

图 7-13　获取初始时间

7) 按 <Ctrl + E> 组合键切换到该 VI 的程序框图。

添加"格式化写入字符串"函数（"函数选板"→"编程"→"字符串"）。在本练习中，该函数用于对数值和字符串进行格式化，使它们成为一个输出字符串。

8) 返回前面板，输入数值并运行 VI。

9) 将该 VI 保存为"7-1. vi"。

 【练习 7-2】基本状态机的使用

前面板具有三个按钮控件和一个波形显示控件，功能如下。

1) "开始采集"按钮：标签是"Start"，单击后开始进行模拟数据采集程序（这里使用随机数代替）。

2) "关于"按钮：标签是"About"，单击后弹出对话框以说明这个程序的版权、帮助等信息。

3) "停止"按钮：标签是"Stop"，单击后停止程序的运行。

4) 波形显示控件：用于显示获取的随机数。

本练习是一个非常简单的应用，但是具有一定的代表性。根据要求，该应用至少包含以下五种状态结构。

1) Initial：初始化状态。

2) Idle：空闲状态，用于响应各种用户界面操作。

3) Acquire：采集状态，用于持续模拟采集数据。

4) About：用于弹出关于和帮助对话框。

5) Stop：停止状态，退出循环并中止程序。

数据采集应用基本状态机的程序前面板如图 7-14 所示。

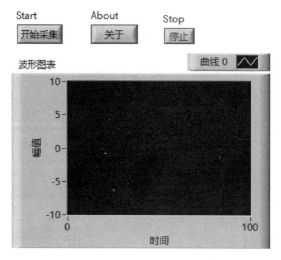

图 7 - 14　基本状态机的程序前面板

数据采集应用基本状态机各个状态的程序框图如图 7 - 15 所示。

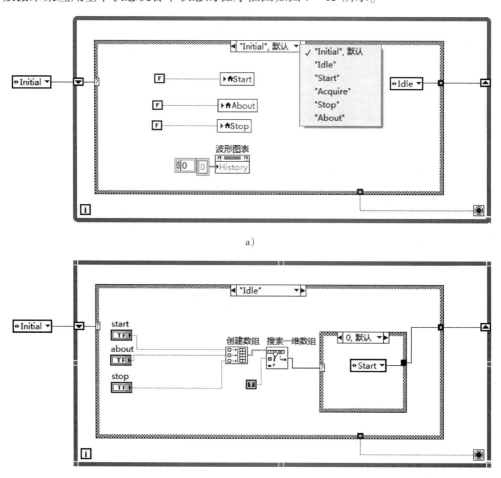

a)

b)

图 7 - 15　数据采集应用基本状态机程序框图

a) Initial 状态　　b) Idle 状态

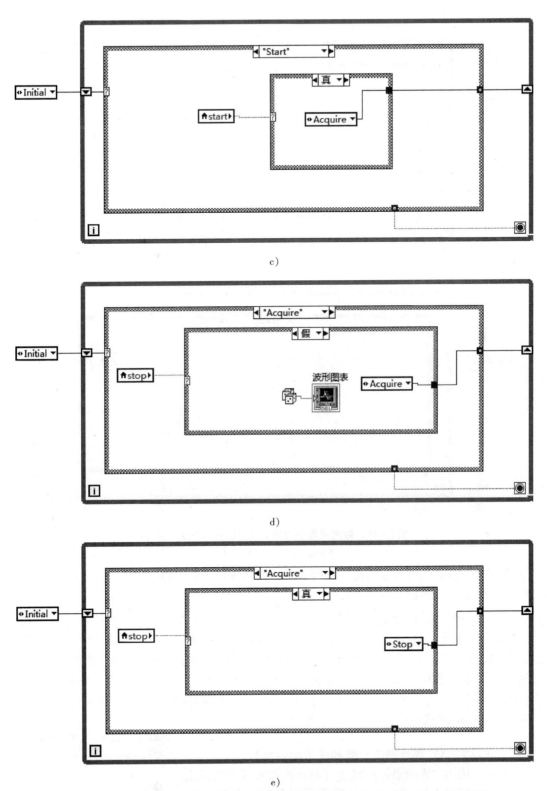

c)

d)

e)

图 7 - 15 数据采集应用基本状态机程序框图（续 1）

c) Start 状态   d) Acquire 状态假分支   e) Acquire 状态真分支

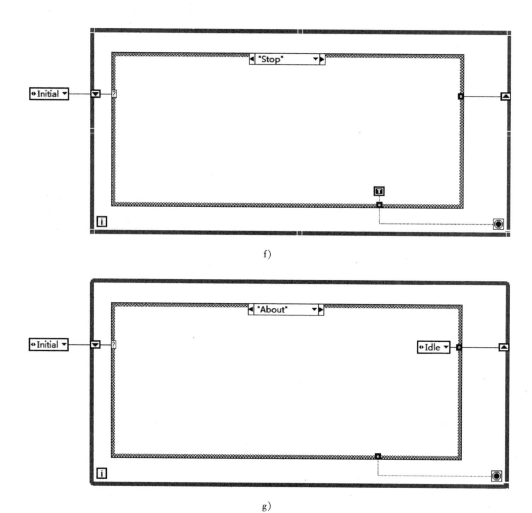

f)

g)

图 7 - 15　数据采集应用基本状态机程序框图（续 2）

f) Stop 状态　g) About 状态

　　分析图 7 - 15 中的基本状态机，可以看出状态始终贯穿整个应用程序，并由移位寄存器进行值的寄存和传递。当前状态分支的结果将决定下一个状态，如图 7 - 15b 中的 Idle 状态。在这个状态中，程序将自动检测前面板的三个按钮是否被按下。如果"Start"按钮被按下，则进入 Acquire 状态；如果"About"按钮被按下，则进入 About 状态；如果"Stop"按钮被按下，则进入 Stop 状态；如果没有任何按钮被按下，则仍然进入当前的 Idle 状态继续检测。在 Acquire 状态中，为了保证程序的重复采集使得下一个状态仍然为 Acquire，但是这样会导致程序无法停止（中断采集），于是需要在 Acquire 状态分支中加入 Stop 的探测，如果"Stop"按钮被按下，则不再进入 Acquire 状态而直接进入 Stop 状态。

【练习 7 - 3】统计循环次数和按下按钮次数

　　本练习采用用户界面事件模式统计循环次数和按下按钮次数，程序前面板如图 7 - 16 所示，程序框图分别如图 7 - 17、图 7 - 18 所示。

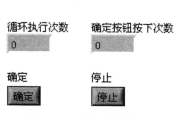

图 7 - 16　程序前面板

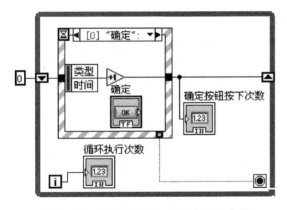
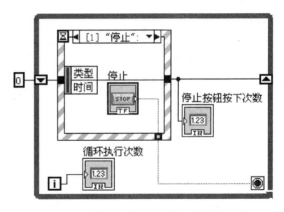

图 7-17　统计"确定"按钮次数的事件
分支程序框图

图 7-18　统计"停止"按钮次数的事件
分支程序框图

　【练习 7-4】画板应用

本练习模拟一个简单的画图板功能。它有四个功能选项：点（point）、线（line）、圆（circle）和椭圆（oval）。一次完整的绘画过程是：在画布上单击鼠标开始绘制→按住鼠标的同时在画布上拖动鼠标→在画布上放开鼠标结束绘制。

程序的前面板如图 7-19 所示，由上下两大部分组成。上面用于选择需要画图的样式，下面是画布，右上方的"×"按钮表示程序结束。

图 7-19　程序的前面板

由于系统需要响应鼠标在画布上单击、移动和释放事件，因此使用状态机模式是无法解决的，只能通过事件结构。因此本例将使用用户界面事件模式实现上述的画图板功能。

程序框图如图 7-20 所示，共有如下 4 个事件。

1）前面板关闭：响应前面板的关闭动作，这是一个过滤性事件，当事件发生时并不真正关闭前面板而只是停止程序的运行。

2）Picture 鼠标按下：表示绘画开始。

3）Picture 鼠标移动：表示绘画的路径和轨迹。

4）Picture 鼠标释放及鼠标离开：表示绘画结束，此时一定要加入鼠标离开事件，因为

111

当鼠标移动到画布的外面时就可以认为是绘画结束了，并不需要一定要求鼠标在画布中释放。

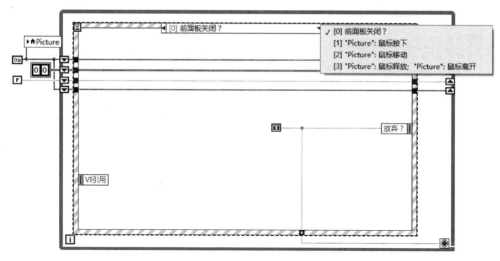

图 7 - 20   画板程序框图

Picture 鼠标按下事件程序框图如图 7 - 21 所示。这个步骤表示绘制开始，每次绘制都必须从这个步骤开始。事件分支左侧的 Button 参数表示单击鼠标的键位，只有在单击鼠标左键时才被认为是合理的和有效的，当单击其他的键时并不开始绘制。在有效绘制中，需要将画笔移动到鼠标当前单击的位置。当选择的画图模式是 Line 和 Point 时，使用 "Draw point. vi"函数可以在当前的位置上画一个点并且将画笔移动到当前位置。

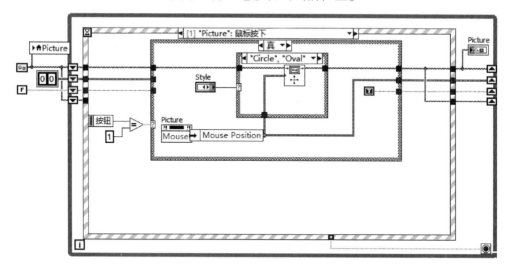

图 7 - 21   Picture 鼠标按下事件程序框图

从图中可以看出，系统定义了 4 个移位寄存器变量以实现不同事件分支的共享，它们的含义如下：

1）表示当前画布中的图像，事实上就是前面板 Picture 中的内容。因为每次画图时都是在当前画布上将图像进行叠加，所以需要使用移位寄存器以避免过多的局域变量。

2）表示开始绘制时的鼠标位置，也就是 Mouse Down 在画布上的相对位置，绘制的起点。

3）表示是否开始了绘制。前面提过每次的绘制过程都是从 Mouse Down 开始的，如果没有这个动作，那么鼠标在画布上的移动是无效的。

4）表示开始绘制时的图像，这个变量与变量 1 是不一样的。它表示在 Mouse Down 时画布上的图像，而不是画布中的实时图像。

Picture 鼠标移动事件程序框图如图 7-22 所示，该事件是在绘图的过程中，因此移位寄存器 3 的值必须是 TRUE。可以根据不同的画图类型使用相应的函数进行绘图，如画 Line 时，只需要把当前鼠标的位置作为 Line 的终点。

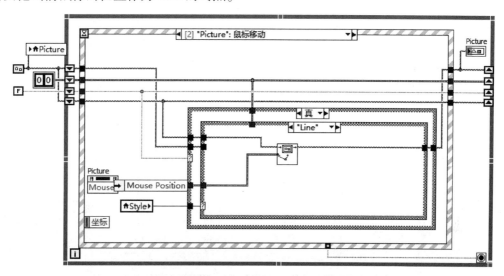

图 7-22　Picture 鼠标移动事件程序框图

Picture 鼠标释放及鼠标离开事件程序框图如图 7-23 所示。该事件表示绘制的结束，因此只需要把移位寄存器 3 的值设置为 FALSE 即可。

图 7-23　Picture 鼠标释放及鼠标离开事件程序框图

本例的实现过程并不复杂，但是涉及了 4 个移位寄存器变量。一旦变量共享的数据较多时，往往需要使用大量的移位寄存器，因此建议使用簇的形式将各个变量有序地组织起来。

✔ 【练习 7-5】二维数组排序应用

本练习将状态机和事件结构相结合。使用多列列表框控件处理二维数组排序问题，前面板如图 7-24 所示。该列表框用于显示系统中的各种采集数据值，分为 5 列。程序的功能是当单击列表框的列头时，对数据以该列的升序/降序进行排序。单击 "Stop" 按钮或 " × "

按钮则停止程序运行。

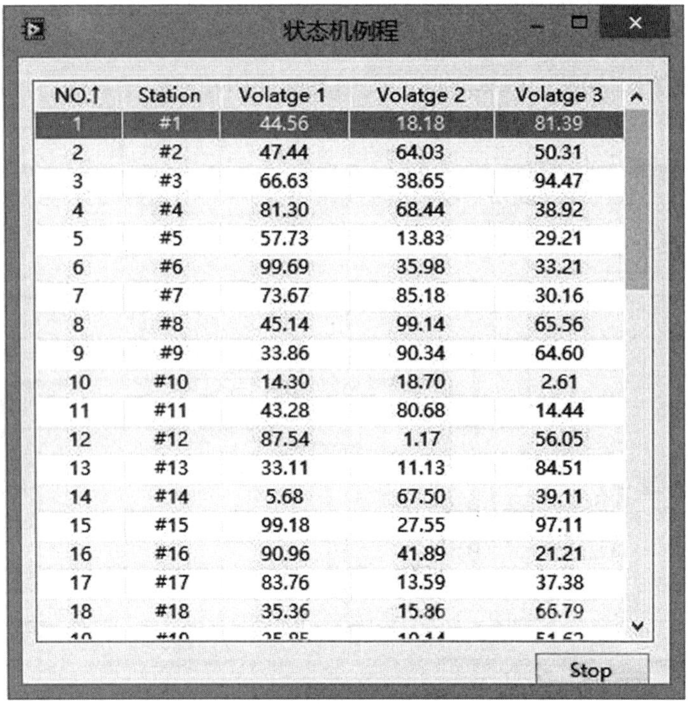

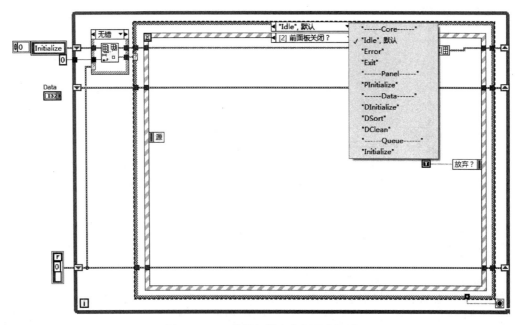

图 7-24　二维数组排序应用前面板

系统使用状态机和事件结构相结合的模式，如图 7-25 所示。程序分为 8 个状态，共有 4 类。各个状态的功能与消息队列型的状态机模式类似，程序加入了错误处理部分。在程序框图的循环中共享同一个"错误簇"结构的移位寄存器，当存在错误时程序将暂时停止运行其他的状态而优先进入错误状态（Error 分支）。

图 7-25　二维数组排序应用程序框图

在 Idle 状态中，事件结构可以防止 CPU 资源的长时间占用，也可以响应各种前面板事件，如图 7 - 26、图 7 - 27 所示。

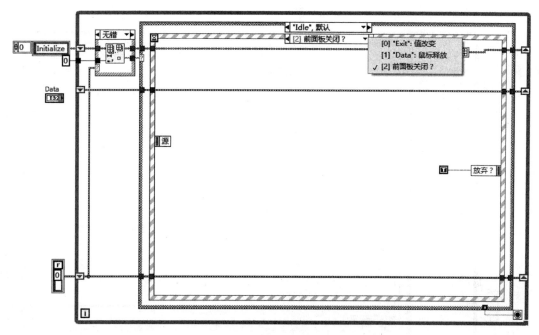

图 7 - 26　Idle 状态程序框图

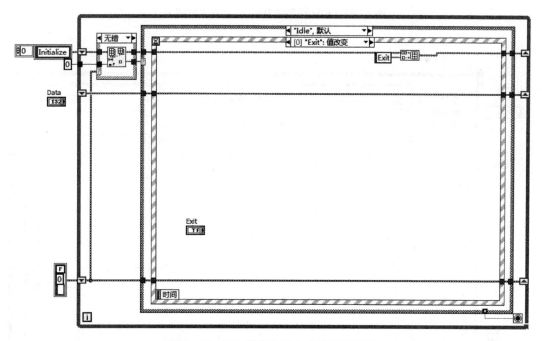

图 7 - 27　Idle 状态中 Exit 分支程序框图

"Data"鼠标释放事件结构处理的是列表框控件的"鼠标释放"事件，此时只需要对内部的变量赋值即可，并且当该单击是有效单击时进入"DSort"状态进行排序操作，如图 7 - 28 ~ 图 7 - 33 所示。

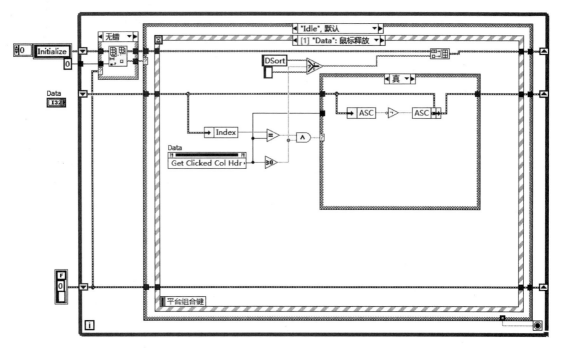

图 7 - 28　Idle 状态中 Data 分支程序框图 1

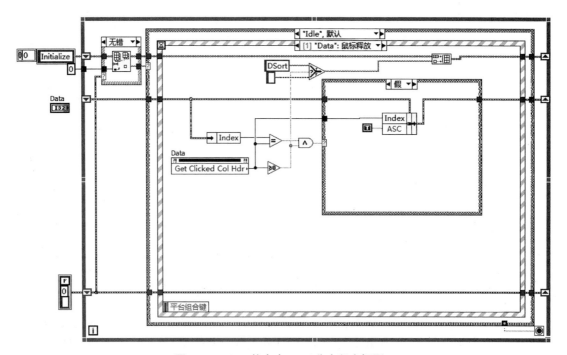

图 7 - 29　Idle 状态中 Data 分支程序框图 2

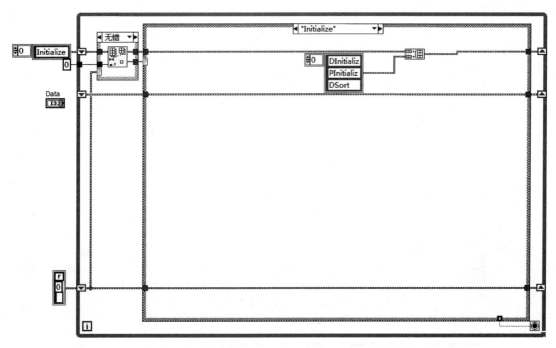

图 7 - 30　Initialize 状态程序框图

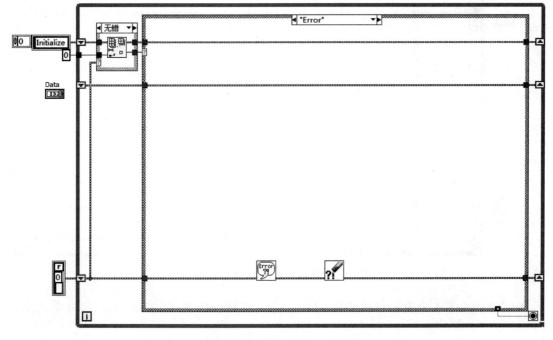

图 7 - 31　Error 状态程序框图

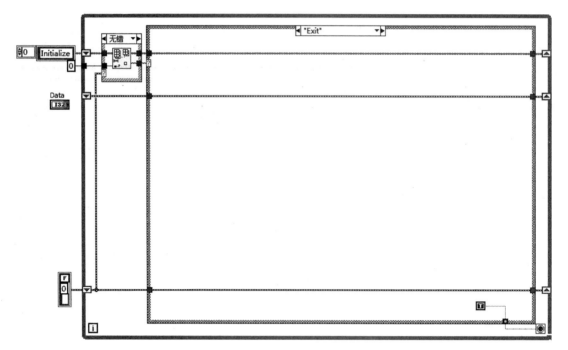

图 7 - 32   Exit 状态程序框图

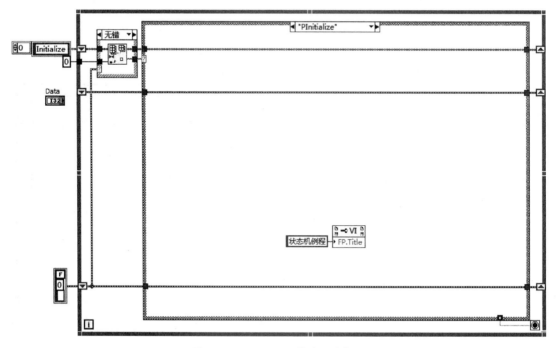

图 7 - 33   Pinitialize 状态程序框图

本例中引入了 4 个变量以供不同的状态分支调用，如图 7 - 34 所示，各变量的意义如下。

1）Index：当前排序的列号，表示列表框以哪一列为依据进行排序。

2）ASC：表示当前排序的方式，TRUE 表示升序，而 FALSE 表示降序。

3）Column Header：表示列表框的列头数据。

4）Data：表示列表框的内容数据。

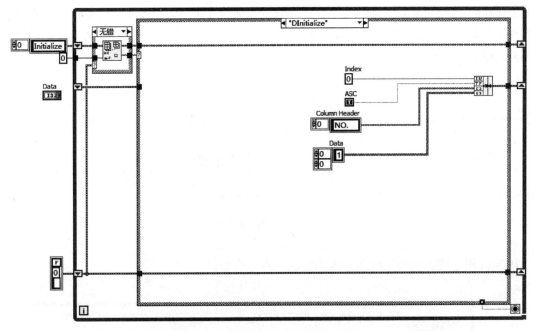

图 7－34　Dinitialize 状态程序框图

在图 7－35 所示的 DSort 状态中，根据内部变量的值对列表框赋值并更新列头的显示。

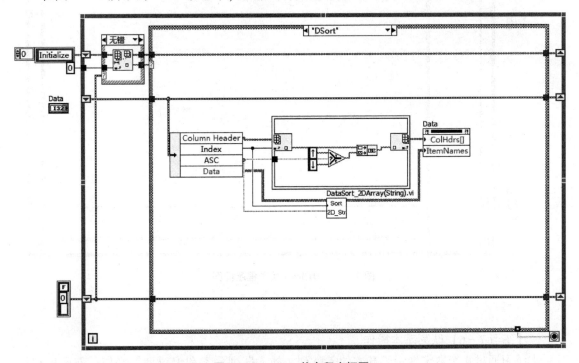

图 7－35　DSort 状态程序框图

DSort 中调用了二维数组的排序函数"DataSort_2DArray(String).vi",该函数的实现过程如图 7 - 36 所示。LabVIEW 并没有提供二维数组的排序方式,只提供了一维数组的排序函数。本例充分利用了 LabVIEW 提供的排序函数功能,当然并不是唯一的,也可以使用 LabVIEW 实现常用的排序算法。

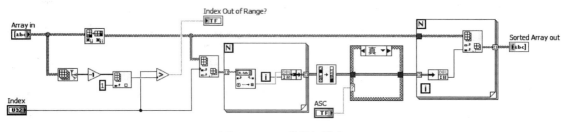

图 7 - 36　二维数组排序

DClean 用于恢复到初始状态,该函数的实现过程如图 7 - 37 所示。

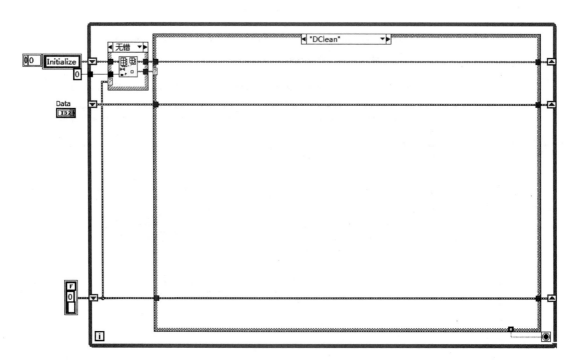

图 7 - 37　DClean 状态程序框图

【练习 7 - 6】队列基本操作

本练习通过 4 个数组展示了基本的入队列、插入队列元素和出对列等操作,前面板和程序框图如图 7 - 38 所示。

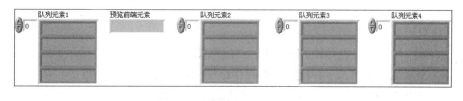

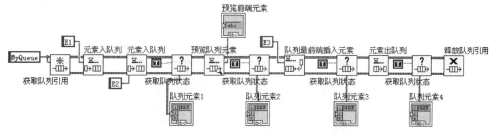

图 7 - 38　队列操作前面板和程序框图

【练习 7 - 7】传递数据的生产者/消费者

本练习将演示生产者/消费者循环的一些基本特性和队列操作的特点。如图 7 - 39 所示，生产者与消费者之间传递的数据是一个随机数。右上角是"停止"按钮，用于控制程序的停止执行。例程提供了通过调整生产者延时和消费者延时，控制生产者和消费者的数据传递速率，可以包含 5 种状态：不生产只消费、生产快于消费、生产速率等于消费速率、生产慢于消费、只生产不消费。

1）选择"文件"→"新建 VI"，打开一个新的前面板。

① 添加两个旋钮控件（"控件选板"→"Express"→"数值输入控件"）。将其中一个旋钮控件的标签改为"生产者延时（ms）"，设定旋钮显示控件的刻度范围为 100～500；将另一个旋钮控件的标签改为"消费者延时（ms）"，设定旋钮显示控件的刻度范围为 0～500。

② 添加波形图表控件（"控件选板"→"Express"→"图形显示控件"），将标签改为"消费者接收数据（波形图表）"。

③ 添加数值显示控件（"控件选板"→"Express"→"数值显示控件"），将标签改为"队列元素数目"。

④ 添加停止按钮控件（"控件选板"→"新式"→"布尔"）。

前面板如图 7 - 39 所示。

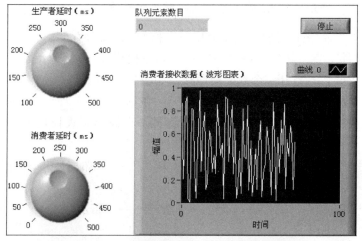

图 7 - 39　传递数据的生产者消费者前面板

2）按＜Ctrl＋E＞组合键切换到该 VI 的程序框图。

图 7－40 所示为生产者/消费者例程的程序框图，代码由 3 个循环组成，依上而下分别是生产者循环（产生随机数据）、消费者循环（获取并显示随机数据）和状态循环（获得缓存区中数据的数据量），可以实时查看队列缓冲区中存储的元素数量。

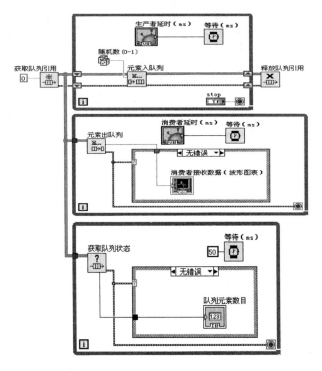

图 7－40　生产者/消费者例程的程序框图

 【练习 7－8】使用生产者/消费者模式存储采集数据

本练习使用生产者/消费者模式完成数据采集和 TDMS 文件存储。

1）选择"文件"→"新建"→"VI"→"基于模板"→"设计模式"→"生产者/消费者设计模式（数据)"，打开一个新的前面板，如图 7－41 所示。

① 添加两个波形图表控件（"控件选板"→"Express"→"图形显示控件"）。将其中一个波形图表控件的标签改为"数据采集"；将另一个波形图表控件的标签改为"数据保存"。

② 添加开关按钮控件（"控件选板"→"新式"→"布尔"），将标签改为"保存数据"。

③ 添加停止按钮控件（"控件选板"→"新式"→"布尔"）。

前面板如图 7－42 所示。

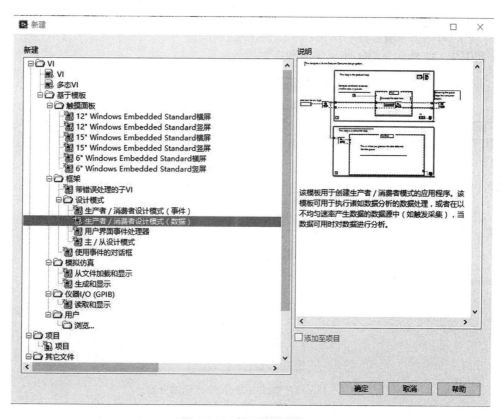

图 7 - 41 基于模板创建 VI

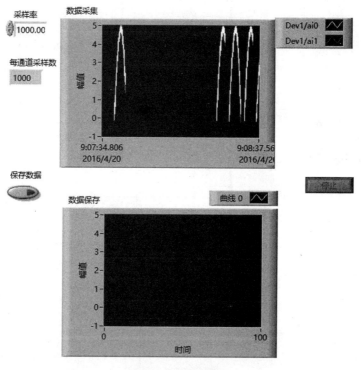

图 7 - 42 前面板

2）按 < Ctrl + E > 组合键切换到该 VI 的程序框图。

按照图 7 - 43 和图 7 - 44 所示完成程序框图。

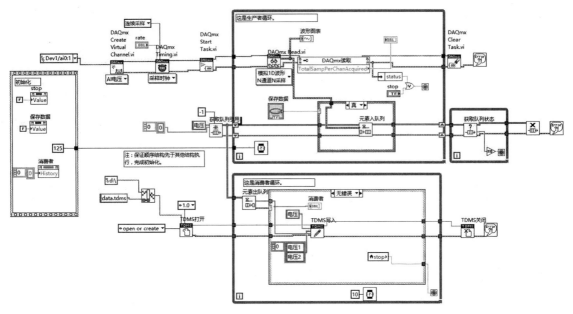

图 7 - 43　程序框图（真分支/无错误分支）

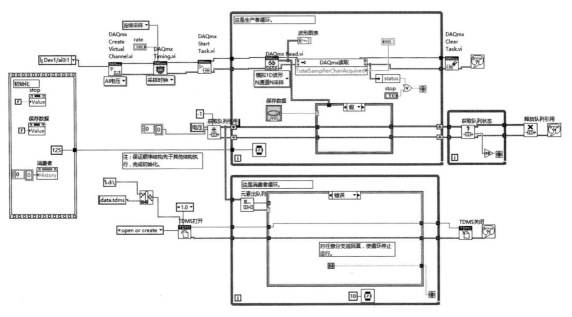

图 7 - 44　程序框图（假分支/错误分支）